U0284878

Tasty Food
食在好吃

一学就会的124种
冰淇淋布丁

杨桃美食编辑部 主编

江苏凤凰科学技术出版社

图书在版编目（CIP）数据

一学就会的 124 种冰淇淋布丁 / 杨桃美食编辑部主编
. — 南京：江苏凤凰科学技术出版社，2015.7（2019.4 重印）
（食在好吃系列）

ISBN 978-7-5537-4228-1

Ⅰ.①一… Ⅱ.①杨… Ⅲ.①冰激凌 – 制作②果冻 –
制作 Ⅳ.① TS277 ② TS255.43

中国版本图书馆 CIP 数据核字 (2015) 第 048768 号

一学就会的124种冰淇淋布丁

主　　　　编	杨桃美食编辑部
责 任 编 辑	张远文　葛　昀
责 任 监 制	曹叶平　方　晨

出 版 发 行	江苏凤凰科学技术出版社
出版社地址	南京市湖南路 1 号 A 楼，邮编：210009
出版社网址	http://www.pspress.cn
印　　　　刷	天津旭丰源印刷有限公司

开　　　　本	718mm×1000mm　1/16
印　　　　张	10
插　　　　页	4
版　　　　次	2015年7月第1版
印　　　　次	2019年4月第2次印刷

标 准 书 号	ISBN 978-7-5537-4228-1
定　　　　价	29.80元

图书如有印装质量问题，可随时向我社出版科调换。

甜蜜蜜的
冰淇淋和布丁

冰淇淋和布丁，是女性和孩子们都极为喜爱的甜品，近些年更是花样频出，让人们爱不释手。

可是，你知道吗？美味的冰淇淋可是地道的中国制造，最早的冰制冷饮技术源自公元2000年前的中国。古代御厨为了替帝王消暑，将冬天的冰雪储存在地窖里，到了酷夏再拿出来享用。约在唐朝末年，人们在生产火药时，发现硝石溶于水时会吸收大量的热，可使水降温到结冰，于是一般人在夏季也可以制冰。

13世纪，冰品由中国传到意大利，1533年在亨利二世的婚宴上，皇后凯瑟琳的私人厨师将冰掺入奶油、牛奶和香料，做成口味特殊的冰淇淋，惊艳全场，冰淇淋这才在法国流传开来。

而布丁则真是舶来品了，布丁是英文pudding的音译，意译则为"奶冻"，布丁在英国是一种传统食品，经过一段漫长的发展过程，燕麦和水果，肉汁、水果和面粉等都可以做成布丁，今天以蛋、面粉与牛奶为材料做成的布丁，是由撒克逊人所传授下来的。

广义的布丁泛指浆状的材料凝固成固体的食品，常见的烹饪方法是焗、蒸、烤，而狭义的布丁是指半凝固状的冷冻的甜品，主要材料为鸡蛋和奶黄，类似于果冻。在英国，布丁是所有甜点的代称。

PART 1

手工冰淇淋 制作准备

准备好工具和材料，加上一点制作技巧，在家制作冰淇淋，也可以极具趣味和成就感，自己动手的乐趣，是有钱也买不到的！

Lesson 1 美味关键
制作手工冰淇淋的必备工具

抹刀

拌匀材料时非常好用，一般是橡皮材质，具有弹性，主要可用来混合粉类材料、拌匀面糊及取出盆子里剩余的材料时使用，而且遇到圆弧形的调理盆又可以刮得很干净。

量杯、量匙

可精准地量出食谱中所需的材料分量，使用量杯时要将量杯置于水平面上。量匙可量微量的材料，量匙的使用以将量匙上方的材料抹平为准。

打蛋器

主要是利用这一把枝枝节节的道具，可以在搅拌材料的时候搅拌更均匀，不仅可让蛋黄打散得均匀，打发鲜奶油时也较方便和省力。

调理钢盆

分别有大、中、小各式尺寸，可依个人需求挑选，选择大尺寸款式是因开口大，在拌匀材料的操作上很方便，再加上不锈钢调理盆耐用，不管盛装冰的或热的食材都很适合。

平盘

冰淇淋为什么要用平盘盛盘呢？因为手工制作的冰淇淋不如机器做的过程完整，还要重复翻搅，才会让夹在冰淇淋中的冰晶消除，所以先用平盘装盛，不仅翻搅方便，凝结的速度也可以较快且均匀。

挖勺

若想吃到像外面卖的整球形美味冰淇淋，那冰淇淋挖勺就一定不可缺少。建议使用前和使用中，可先将冰淇淋挖勺泡在装有冰块的水中，维持一定冷度，这样较容易挖出整球形的冰淇淋。

Lesson 2 美味关键
制作手工冰淇淋主要材料

在家自制冰淇淋，需要的东西不少，除了必备的工具和各式水果材料外，还有许多不可缺少的材料，如帮助达到乳化效果的蛋清、蛋黄、牛奶或鲜奶油，增加口感的果糖、蜂蜜或水麦芽，帮助定型凝结的粉类，这些材料都是缺一不可的。

水麦芽

一般常见的麦芽为黄褐色，而水麦芽则是呈透明黏稠状，颜色如同果糖般透明，加入冰淇淋中可增加黏稠度和亮度，而且还可减低甜度。

保久乳

制作冰淇淋时选择鲜奶或保久乳为材料都可以，只是因为保久乳稳定性高，又有容易保存的特性，所以也不失为取代鲜奶的好选择。

果糖

随着加热温度不同，果糖的甜度也有所改变。果糖吸水性强，保湿性好，可降低水活性质，延长保存期限。

细砂糖

细砂糖在冰淇淋中扮演重要角色，透过加热搅拌，除了可让食材能更浓稠外，也可以提升食材的风味，所以在制作的过程中还是要添加细砂糖的。

玉米粉

玉米粉的使用和蛋黄的作用类似，用于填充材料的空隙帮助乳化，添加了一些玉米粉的冰淇淋口感会更绵密，所以可适度加入。另外使用淀粉能减少冰晶产生，可帮助塑形，且不易融化。

酸奶

酸奶的使用是为了代替鲜奶油，维持乳化效果但又能较为健康些，但选择的时候还是原味比较好，免得破坏原先设定的冰淇淋口味，另外，若是凝结的酸奶，要先拌碎后才可使用。

椰浆

椰浆是由椰子白色果肉部分压制而成，味道较椰奶更为浓郁，可让冰淇淋口感更丰富，吃起来的风味，也和加入其他奶制品时而有所不同。

炼乳

炼乳是奶制品加入糖后，经过加热蒸发浓缩而成的加糖奶制品。除具较浓郁的奶味和甜味外，还有一股特别的焦香风味。

蜂蜜

蜂蜜含多种氨基酸，且可直接被肠壁吸收，因此常被视为珍贵的保健饮品，其特殊的甜味也深受大众喜爱。制作冰淇淋时加入蜂蜜，不仅能增加冰品的风味和亮丽的色泽，更可使口感变滑润。

蛋黄

蛋黄可帮助冰淇淋制作过程顺利乳化，让制作出的冰淇淋吃起来口感更为绵密与细致。

蛋清

制作冰淇淋时加入蛋清，会让冰淇淋成品的口感不会太过扎实紧密，吃起来较有松软的口感。

鲜奶油

鲜奶油在冰淇淋制作中扮演重要角色，主要是增加乳脂肪含量，让乳化的过程更顺利，当然也会让冰淇淋更香浓可口，所以鲜奶油的选择最好是选动物性鲜奶油，脂肪含量约是45%就可以了，若你不想吸收太多脂肪的话，选植物性鲜奶油也是可以的，只是味道会淡些，没这么浓郁。

Lesson 3 美味关键
适合制作冰淇淋的口味选择

当稀奇古怪的冰淇淋口味出现后，就掀起了极大的变化，只要能接受，冰淇淋就没有口味上的限制，但我们仍针对想自己动手做的读者，整理出一个冰淇淋口味通则，如此一来你就可知道选购材料的原则了。

巧克力

主要是利用苦甜巧克力的浓缩味道来制作冰淇淋，一般烘焙材料店都有原味的苦甜巧克力，这也是基本款的冰淇淋。

芒果

芒果冰一直是股热潮，主要是芒果好吃又甜美，芒果冰主要是新鲜水果搭配刨冰，若要制作成芒果冰淇淋，选个头小但成熟些的芒果才适合。

火龙果

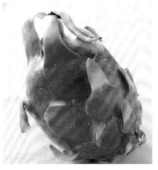

火龙果在果农的成功培植下，成为四季都可以品尝得到的水果，选购时选成熟一些的火龙果较为适合。

香草

香草是冰淇淋的基本款，主要是香草豆荚加上香草籽与牛奶煮过后的香味而来，这几乎是百年不变的经典冰淇淋口味，而且香草口味与其他口味都可以融合，也是很大众化的基本原料。

草莓

草莓有产季的限制，虽然进口草莓不少，但价格昂贵，口感也不太好。虽然草莓很娇贵容易因碰撞让表面受伤，但太生的草莓做冰淇淋也不好吃，所以还是选成熟些的口感较好。

咖啡

喝咖啡的朋友一定抗拒不了由咖啡制成的冰淇淋，不仅可解咖啡瘾，而且咖啡冰淇淋口感特别的香浓。不过市售咖啡粉口味有的偏苦、有的偏酸，建议制作时，要选自己喜欢的咖啡口味。

柠檬

吃惯了拥有浓郁奶香的冰淇淋，也可选择一些带有酸味口感水果，如柠檬。柠檬挑选时要选择外皮光泽、具有重量感的。柠檬清洗干净后，也可切薄片，作为冰淇淋的装饰。

木瓜

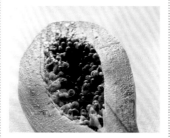

木瓜要制作成冰淇淋前，得先去皮去籽打成泥，木瓜不宜吃太多，因类胡萝卜素会沉淀在皮肤中。挑选时要避免有撞击过、有凹陷、有黑点的，表皮色泽饱满为优。

金橘

金橘取汁即可使用，若要连果肉加入，要先一片片去除白色瓣膜，过程有些麻烦，所以取汁入味就好，吃惯了奶香浓郁的冰淇淋，偶尔加点酸味也很清爽。

芥末粉

抹茶粉是浓缩的口味，所以添加时比例很重要，加太多，抹茶的生腥味会太重还会反苦，所以掌握抹茶粉和水分搭配的比例很重要。

哈密瓜

哈密瓜含有丰富的钾和水分，很适合打成泥后制作冰淇淋。购买哈密瓜时，选择重量较重、表皮有弹性者较佳。

樱桃

樱桃含有丰富的铁质，水分和果酸含量高。挑选时应选择颜色深红，带梗且呈绿色，果实饱满者为佳。

紫米

紫米热量比糯米低，具有补血、健脾的效用，因此被广泛应用在米饭、甜品中。因为也含有淀粉，所以很适合制作成冰淇淋。

红糖

含葡萄糖、钙、镁、铁等，可补血，是冬天很好的进补食品。在夏天，用红糖制成冰淇淋，也不失为一种新鲜口味的选择。

绿豆

绿豆是夏季消暑解热的最佳甜品。挑选绿豆时要把发芽、腐烂、斑点、破损和虫咬的剔除，挑选时应选择颜色全绿，且颗粒完整有光泽的绿豆。

芋头

芋头这种根茎类食材，做冰淇淋前要先蒸过，让纤维软化，过筛后才会更绵密，若想要有点颗粒，还是要先蒸过再切成碎块。芋头太大块会让冰淇淋的空隙过大，反而不够细致绵密。

香蕉

香蕉是常见又多产的水果，打成泥制成的香蕉冰淇淋，口感很不错。挑选香蕉时，外皮有一点点黑色是已经成熟的象征，但可别挑有一大块一大块黑色斑点的，表示已熟过头。

百香果

百香果产期为每年6月至来年2月，选购时选外皮颜色呈深褐色，且无伤痕者，果实拿起来较沉重的滋味较好，酸甜浓郁的口感，很适合制作成冰淇淋。

胡萝卜

有些人不喜欢吃胡萝卜，因为其有股特殊的味道，但制作成冰淇淋后，不仅颜色外观讨喜，不喜欢的味道也随之消失了。挑选时要选那些形状圆直、表皮光滑者。

番薯

番薯在近年的养生观念中，可说是当红的食材之一，番薯除了直接入菜食用外，也相当适合制作成冰淇淋，因为其含有丰富的淀粉，所以制成冰淇淋容易定型，口感也很清爽。

五谷米

一般五谷米含有荞麦、燕麦、黑糯米、薏仁、芡实、糙米、小米等杂粮，因包含了多数谷类的营养素，也比单一杂粮来得均衡。煮五谷米除了要先以清水浸泡约3个小时外，还要多加一半的水，也就是1杯五谷米搭配1.5杯清水，才容易将五谷米煮熟。

Lesson 4 美味关键

让冰淇淋好吃的关键——牛奶

鲜奶油可以不加，但牛奶建议要加入，而且最好选全脂牛奶，这样可使乳化效果持久，少了牛奶的冰淇淋会像小果雪泥结成冻一样，吃起来较不同于一般人对冰淇淋的绵密浓郁印象，所以牛奶可说是冰淇淋制作中的重要原料之一。

在美国，对于冰淇淋的认定，是脂肪含量要有一定的限制，所以吃冰淇淋会变胖的主要原因是乳脂肪含量高。现代人讲求建康的同时，希望又能吃到低脂健康的冰淇淋，所以就有低脂牛奶和无脂牛奶的出现，但有喝过这三种牛奶的人应该都知道口感上还是有些差异的，所以制作成冰淇淋后，吃起来的口感或多或少也会有些不同。

 ## Lesson 5 美味关键

让冰淇淋好吃的三大重点

Point 1 天然"乳化剂"的选择

乳化剂主要是破坏两种不同液体的表面张力而使液体可以变成非常小的粒子，才能均匀分布在液体中而不分离，这就是乳化剂的作用。冰淇淋正因有乳化剂才能达到绵密的口感。在家做的冰淇淋当然不放化学乳化剂，因为用蛋黄或蛋清代替就可以了，但一定要打得很散，又不能打到起泡，时间和力道的拿捏很重要，冰淇淋经过基本的乳化处理后，才容易冻成绵密的口感。只是蛋黄和蛋清的用量一定要比照食谱比例，因为冰淇淋的制作过程就是把乳化剂的量增加后，不会变得像冰淇淋那样硬，所以乳化剂量的比例一定要特别注意。

Point 2 加入淀粉

淀粉可帮助冰淇淋凝结成型，且不容易融化。至于加入的粉类，如玉米粉、番薯粉等，都可以广泛使用。若制作冰淇淋时不想加入其他粉类，也可选用含淀粉量丰富的番薯、紫米等主材料来制作，也可以达到极佳的凝结定型效果。

Point 3 不厌其烦地搅拌才会更好吃

材料要先分开拌匀后，才能混合再拌匀，而且无论是材料加热，还是在冰冻过程，都是为了要把拌入的空气与多余的水分想尽办法搅拌消除，这样冰淇淋吃起来才会更绵密可口。如果你的冰淇淋吃起来还有小碎冰的"喀喀"声，那就表示搅拌得不够均匀。

PART 2

清爽香甜口感的
冰淇淋

吃惯了弥漫着浓郁奶香的冰淇淋，趁着水果盛产的夏季里，在家自己动手做些无化学添加剂，完全自然纯净的果香冰淇淋。

自制冰淇淋真的一点也不难，趁着炎夏备妥材料，自己也可以在家来场冰淇淋盛宴。

柠檬冰淇淋

材料

柠檬汁	80毫升
牛奶	100毫升
蛋清	70克
水	70毫升
细砂糖	100克
水麦芽	15克
鲜奶油	100毫升

做法

1. 取一锅，加入水、细砂糖和水麦芽，以小火加热方式，一面摇动锅身至细砂糖煮匀。
2. 将蛋清打至8分发，续加入做法1中糖清材料打发至有光泽度。
3. 加入牛奶拌匀后，接着加入柠檬汁拌匀备用。
4. 鲜奶油用打蛋器打至7分发备用。
5. 鲜奶油和做法3中溶液拌匀，即可倒入容器中。
6. 将容器放入冰箱冷冻室中约2个小时，取出搅拌，再放入冰箱冷冻室中冷冻，重复此操作2～3次即可。

烹饪小秘方

取锅，以小火加热方式将水、细砂糖和水麦芽放入其中，煮至细砂糖完全溶化的清澈状，即为糖清。如何以肉眼判断糖清已煮好？当锅内的糖水无任何颗粒，煮至冒小泡泡即可，如果锅底还有冒大泡泡的状态，就是还未煮至需要的糖清阶段。

香蕉冰淇淋

材料

A
完熟冷冻香蕉块	200克
牛奶	200毫升

R
水	15毫升
水麦芽	15克
细砂糖	100克
鲜奶油	50毫升

C
朗姆酒	25毫升
葡萄干	20克

D
鲜奶油	150毫升

做法

1. 葡萄干浸泡在朗姆酒中至葡萄干吸收朗姆酒。
2. 将冷冻的香蕉块取出，和牛奶一起放入果汁机中打匀。
3. 将材料D的鲜奶油加温至60℃备用。
4. 取一干锅，放入水、细砂糖和水麦芽，用小火煮至焦糖化，再将鲜奶油加入煮均匀，放凉备用。
5. 将做法2和做法4的材料混合备用。
6. 将材料D的鲜奶油用打蛋器打至7分发后，加入步骤5中混合材料和葡萄干朗姆酒混合液一起拌匀，即可倒入容器中。
7. 将容器放入冷冻室中约2个小时，取出搅拌，再放入冷冻库中冷冻，重复此操作2～3次即可。

洛神冰淇淋

材料

洛神花茶	20克
牛奶	200毫升
乌梅蜜饯	3颗
水	300毫升
细砂糖	120克
鲜奶油	150毫升

做法

1. 取一锅，加入洛神、乌梅蜜饯、水和细砂糖煮至浓稠后，过滤取汁约220毫升，放至冷却。

2. 将冷却后溶液和牛奶拌匀备用。

3. 鲜奶油用打蛋器打至7分发后，与做法2中的混合液一起拌匀，即可倒入容器中。

4. 将容器放入冷冻室中约2个小时，取出搅拌，再放入冷冻室中冷冻，重复此操作2~3次即可。

什锦水果冰淇淋

材料

水蜜桃	200克
菠萝	200克
柠檬汁	1大匙
水蜜桃汁	50毫升
菠萝汁	50毫升
酸奶	100毫升
鲜奶油	100毫升

做法

1. 鲜奶油用打蛋器打至7分发备用。
2. 将水蜜桃、菠萝、柠檬汁、水蜜桃汁和菠萝汁放入果汁机中打成泥状，再加入酸奶拌匀。
3. 打发的鲜奶油与做法2中混合的酸奶果汁一起拌匀，即可倒入容器中。
4. 放入冷冻室中约2个小时，取出搅拌，再放入冷冻室中冷冻，重复此操作2~3次即可。

榴莲冰淇淋

🥄 材料

完熟榴莲	300克
牛奶	200毫升
蛋清	50毫升
水	30毫升
细砂糖	80克
水麦芽	15克

✂ 做法

1. 将完熟榴莲和牛奶放入果汁机中打成泥状。

2. 取一锅，加入水、细砂糖和水麦芽，以小火加热方式，摇动锅身至细砂糖煮匀。

3. 将蛋清打至8分发，续加入步骤2中糖浆打发至有光泽度。

4. 续加入牛奶榴莲泥一起拌匀，即可倒入容器中。

5. 将容器放入冷冻室中约2个小时，取出搅拌，再放入冷冻室中冷冻，重复此操作2～3次即可。

木瓜牛奶冰淇淋

材料

木瓜	300克
牛奶	200毫升
百香果	3颗
蛋清	50克
细砂糖	80克
水麦芽	5克
水	30毫升

做法

1. 木瓜去皮切小块，放入冷冻室中结冻。
2. 将结冻木瓜块、过筛去籽的百香果和牛奶放入果汁机中打成果泥。
3. 取一锅，加入水、细砂糖和水麦芽，以小火煮至焦糖化，摇动锅身至细砂糖煮匀。
4. 将蛋清打至7分发，续加入做法3中糖浆打至9分发且有光泽度。
5. 续加入果泥拌匀，即可倒入容器中。
6. 将容器放入冷冻室中约2个小时，取出搅拌，再放入冷冻室中冷冻，重复此操作2～3次即可。

椰香冰淇淋

材料

椰奶	400毫升
椰粉	30克
柠檬汁	1大匙
蛋黄	2颗
玉米粉	10克
细砂糖	50克

做法

1. 蛋黄以打蛋器打散，加入玉米粉和细砂糖拌匀备用。
2. 取一锅，放入椰奶和椰粉拌匀，加热至85℃备用。
3. 将椰奶、椰粉混合液倒入做法1的玉米粉面糊中拌匀，再次煮至稠状，放至冷却后，再加入柠檬汁拌匀，即可倒入容器中。
4. 将容器放入冷冻室中约2个小时，取出搅拌，再放入冷冻室中冷冻，重复此操作2~3次即可。

哈密瓜冰淇淋

材料

哈密瓜	300克
细砂糖	50克
香橙酒	15毫升
柠檬汁	15毫升
牛奶	200毫升

做法

1. 哈密瓜去皮切块，加入细砂糖、柠檬汁和香橙酒腌渍约30分钟，让哈密瓜释出水分，吸收糖分。
2. 将哈密瓜放入果汁机中打成泥备用。
3. 牛奶和哈密瓜泥一起拌匀，即可倒入容器中。
4. 将容器放入冷冻室中约2个小时，取出搅拌，再放入冷冻室中冷冻，重复此操作2~3次即可。

烹饪小秘方

　　哈密瓜又称美浓瓜、洋香瓜，造型呈长圆球形，表皮有特殊分布的网状线条，分布越均匀表示瓜肉越厚且汁多香甜可口。挑选好吃的哈密瓜，除注意它生长的环境是否适宜外，采收的熟度也要抓得准。哈密瓜刚采收时肉质较硬不香甜，须经数天，待果肉较软化后食用，口感才能发挥至极致，而整个瓜中以果顶肉壁的果肉最为好吃，吃起来肉质香脆甜汁多、可口宜人，且不同的品种也有不同甜度和口感，做成冰淇淋后风味更加迷人，口味和一般的水果很不一样。

酸奶冰淇淋

材料

A
酸奶　　　200毫升
果糖　　　40克
鲜奶油　　100毫升

B
草莓果酱　1大匙
冷开水　　1大匙

做法

① 酸奶和果糖拌匀备用。

② 鲜奶油用打蛋器打至7分发备用。

③ 草莓果酱和冷开水拌匀备用。

④ 将酸奶果糖混合液和打法后的鲜奶油一起拌匀，即可倒入容器中。

⑤ 将容器放入冷冻室中约2个小时，取出搅拌，再放入冷冻室中冷冻，重复此操作2~3次即可。

⑥ 从冷冻室取出冰淇淋盛盘后，淋入备好的草莓淋酱即可。

烹饪小秘方

草莓果酱

材料：

草莓500克、柠檬汁30毫升、细砂糖150克、水麦芽100克

做法：

1 取容器，放入洗净去蒂的草莓、柠檬汁和细砂糖，于冰箱中糖渍一晚。

2 隔天取一深锅，放入腌好的草莓糖汁和水麦芽，以小火煮至浓稠，用木勺在锅底划开一条痕迹，当痕迹慢慢密合时，证明果酱已经煮好了。

西瓜冰淇淋

材料

材料	用量
西瓜	400克
火龙果	50克
柠檬汁	15毫升
牛奶	50毫升
水	20毫升
细砂糖	50克
水麦芽	15毫升
蛋清	50克

做法

1. 西瓜和火龙果去皮切块，和柠檬汁放入果汁机中打成果泥。
2. 将果泥和牛奶混合拌匀备用。
3. 取锅，加入水、细砂糖和水麦芽，以小火加热方式，摇动锅身至细砂糖煮匀。
4. 将蛋清打至8分发，续加入步骤3中糖泥打至9分发且有光泽度。
5. 续加入牛奶混合果泥拌匀，即可倒入容器中。
6. 容器放入冷冻室中约2个小时，取出搅拌，再放入冷冻室中冷冻，重复此操作2～3次即可。

胡萝卜冰淇淋

材料

A

胡萝卜	200克
苹果	100克
柠檬汁	15毫升
水	50毫升

B

细砂糖	60克
水麦芽	30克

C

牛奶	200毫升

做法

1. 将胡萝卜、苹果、柠檬汁和水放入果汁机中打成泥备用。

2. 取一锅，放入果泥和材料B，以小火煮至浓稠后，冷却至60℃，加入牛奶拌匀，即可倒入容器中。

3. 将容器放入冷冻室中约2个小时，取出搅拌，再放入冷冻室中冷冻，重复此操作2~3次，食用前以薄荷叶（材料外）装饰即可。

红糖冰淇淋

材料

红糖	100克
细砂糖	50克
水麦芽	20克
冬瓜	30克
豆浆	300毫升
水	100毫升
鲜奶油	150毫升

做法

① 鲜奶油用打蛋器打至7分发备用。

② 冬瓜切成小块。

③ 取一干锅，放入红糖和细砂糖炒香后，加入水、水麦芽、冬瓜块煮匀，加入豆浆拌匀放凉备用。

④ 将打发好的奶油和做法3中做好的冬瓜块一起拌匀，即可倒入容器中。

⑤ 将容器放入冷冻室中约2个小时，取出搅拌，再放入冷冻室中冷冻，重复此操作2~3次即可。

双色番薯冰淇淋

材料

黄番薯	150克
红番薯	150克
新鲜柳橙汁	300毫升
细砂糖	70克
牛奶	300毫升

做法

1. 黄番薯、红番薯去皮洗净，切粗丁后略冲洗，捞起沥干备用。

2. 取一锅，加入新鲜柳橙汁和细砂糖混合拌匀。

3. 将柳橙汁砂糖混合液与番薯丁一起放锅里，煮至番薯丁变柔软成蜜番薯，关火放凉。

4. 将煮好的双色番薯捣成泥，再加入牛奶拌匀，即可倒入容器中。

5. 将容器放入冷冻室中约2个小时，取出搅拌，再放入冷冻室中冷冻，重复此动作2~3次即可。

酒渍樱桃冰淇淋

材料

A

牛奶	300毫升
奶油奶酪	150克
细砂糖	60克

B

乳酸饮料	1瓶

C

酒渍樱桃	15颗
酒渍樱桃汁	30毫升

做法

1. 奶油奶酪切成小块备用。
2. 将材料A放入容器中，以隔水加热的方式，拌至均匀无颗粒，加热过程中需不停搅拌，放凉备用。
3. 将乳酸饮料、酒渍樱桃汁和酒渍樱桃和备好的奶油奶酪液拌匀，即可倒入容器中。
4. 将容器放入冷冻室中约2个小时，取出搅拌，再放入冷冻室中冷冻，重复此操作2~3次即可。

杏仁豆浆冰淇淋

材料

杏仁粉	100克
豆浆	300毫升
蛋黄	3颗
细砂糖	80克
枸杞子	10克
鲜奶油	100毫升

做法

① 鲜奶油用打蛋器打至7分发备用。

② 取一锅，加入豆浆，以中火煮至滚沸备用。

③ 蛋黄以打蛋器打散后和细砂糖拌匀，倒入煮熟的豆浆拌匀后，再加入杏仁粉和枸杞子拌匀，放凉备用。

④ 将打发的鲜奶油和做法3中材料一起拌匀，即可倒入容器中。

⑤ 将容器放入冷冻室中约2个小时，取出搅拌，再放入冷冻室中冷冻，重复此操作2～3次，食用前以薄荷叶（材料外）装饰即可。

黑芝麻冰淇淋

材料

黑芝麻粉　150克
黑芝麻酱　30克
花生酱　　30克
细砂糖　　100克
牛奶　　　400毫升

做法

❶ 取一锅，加入牛奶，开中火以隔水加热方式，煮至约85℃备用。

❷ 取一干锅，放入黑芝麻粉炒香备用。

❸ 将黑芝麻酱、花生酱和细砂糖拌匀，加入牛奶拌匀后，再加入炒好的黑芝麻粉拌匀盛入容器备用。

❹ 将容器放入冷冻室中约2个小时，取出搅拌，再放入冷冻室中冷冻，重复此操作2~3次即可。

绿豆沙冰淇淋

材料

绿豆沙	300克
牛奶	200毫升
椰奶	100毫升
细砂糖	120克
炼乳	50毫升
盐	1克
鲜奶油	100毫升

做法

① 鲜奶油用打蛋器打至7分发备用。

② 取一锅，放入全部材料（鲜奶油除外），煮至细砂糖完全溶化（不能超过85℃），放凉备用。

③ 冷却的溶液中加入鲜奶油混合拌匀，即可倒入容器中。

④ 将容器放入冷冻室中约2个小时，取出搅拌，再放入冷冻室中冷冻，重复此操作2～3次即可。

烹饪小秘方

绿豆沙

材料：

绿豆200克，水适量

做法：

1 绿豆洗净，放入锅中，加入淹过绿豆的水量，煮至滚沸后，先关火再盖上锅盖。

2 待汤液冷却后，煮至再次滚沸后，关火再盖上锅盖。

3 重复上述做法至绿豆变软即可。

五谷米冰淇淋

材料

煮熟五谷米饭 150克
牛奶 300毫升
细砂糖 100克
鲜奶油 100毫升

做法

① 鲜奶油用打蛋器打至7分发备用。

② 煮熟的五谷米饭中加入少许牛奶放入果汁机中搅打成泥。

③ 取一锅，放入五谷米泥、剩余的牛奶和细砂糖，用小火拌煮均匀，过程中要不停搅拌，放凉备用。

④ 将打发的鲜奶油加入做法3中混合拌匀，即可倒入容器中。

⑤ 将容器放入冷冻室中约2个小时，取出搅拌，再放入冷冻室中冷冻，重复此操作2～3次即可。

紫米芝麻冰淇淋

材料

A
煮熟紫米饭　　100克
炒熟白芝麻　　60克
B
鲜奶油　　　　100毫升
C
牛奶　　　　　200毫升
细砂糖　　　　70克

做法

① 鲜奶油用打蛋器打至7分发备用。

② 炒过的白芝麻先放入食物搅拌机中搅打碎后，再放入
煮熟的紫米饭搅打成泥备用。

③ 取一锅，加入材料C，开中火以隔水加热方式，煮至
约85℃备用。

④ 将牛奶加入紫米饭、白芝麻混合泥中拌匀。

⑤ 续加入打发的鲜奶油中一起拌匀，即可倒入容器内。

⑥ 将容器放入冷冻室中约2个小时，取出搅拌，再放入
冷冻室中冷冻，重复此操作2～3次即可。

味噌芝麻冰淇淋

材料
味噌	20克
白芝麻酱	80克
豆浆	400毫升
水麦芽	36克
细砂糖	60克
蛋黄	2颗

做法

① 蛋黄先用打蛋器打散，再加入细砂糖、水麦芽、白芝麻酱和味噌混合拌匀备用。

② 取一锅，加入豆浆，煮至滚沸后，改转小火煮3分钟，过程中要不停地搅拌。

③ 将热豆浆冲倒入做法1混合食材中拌匀，即可倒入容器中。

④ 将容器放入冷冻室中约2个小时，取出搅拌，再放入冷冻室中冷冻，重复此操作2～3次即可。

PART 3

浓郁奶香口感的
冰淇淋

虽然冰淇淋的口味变化多，但有些始终不变的口味，就是深受大家喜爱的浓郁的奶香味，在冰淇淋入口的刹那间，更是融化了大人小孩的心。

纯手工冰淇淋最怕冰了很久，却怎么都无法结冻成型，不要担心，这不代表制作失败，请先检查冷冻室的温度是否有问题。或是冷冻室是否冰太多东西，造成温度不均。若冷冻室的温度够冷，那就可能是制作时鲜奶油或牛奶的量没有放足够。冰淇淋最主要原料是鲜奶油，若乳脂肪不够再怎么冷冻也只是雪泥而已（放了一堆化学乳化剂的则不在此讨论范围）。很遗憾的是，冰淇淋是很娇滴滴的食物，对于失败的成品即使直接增加鲜奶油或牛奶的分量重新拌匀也不会成功，只能按步骤重头再做一次。

香草冰淇淋

材料

香草豆荚	1/2支
牛奶	250毫升
蛋黄	80克
细砂糖	80克
玉米粉	15克
鲜奶油	250毫升

做法

① 取香草豆荚沿着纤维从中间剖开，刮出香草籽。取一小锅，将牛奶、香草籽与香草豆荚一起放入其中，以中火加热至约85℃让香草的香味融入牛奶后，取出香草豆荚。

② 将蛋黄与细砂糖以打蛋器打至颜色变白，再加入玉米粉拌匀。

③ 将热牛奶缓缓加入玉米粉中搅拌均匀。

④ 以隔水加热的方式，将玉米糊加热至带稠状，加热过程中需不停搅拌，等带稠后熄火放凉备用。

⑤ 把鲜奶油打至7分发时与玉米糊一起拌匀后，倒入容器中。

⑥ 将容器放入冷冻室中约2个小时，取出搅拌，再放回冷冻室中冷冻，重复此操作2~3次即可。

巧克力冰淇淋

材料

苦甜巧克力	100克
牛奶	250毫升
细砂糖	50克
玉米粉	15克
可可粉	10克
蛋黄	80克
白兰地	30毫升
鲜奶油	250毫升

做法

① 把苦甜巧克力切成细碎状。

② 取一小锅，加入牛奶以中火加热至约85℃时，加入苦甜巧克力碎拌至完全融化，备用。

③ 取一碗，先将细砂糖、玉米粉、可可粉混合均匀，再加入蛋黄搅打均匀至颜色略白，备用。

④ 将做法2材料缓缓加入做法3材料，以隔水加热的方式，搅拌至带稠状后熄火，再加入白兰地拌匀待冷却。

⑤ 取鲜奶油打至7分发后，加入一起拌匀，放入冷冻室中约2个小时取出，再搅拌数下，重新放入冷冻室中冰冻，重复此操作2～3次即可。

火龙果冰淇淋

材料

火龙果泥	300克
柳橙汁	100毫升
牛奶	160毫升
蛋黄	80克
细砂糖	80克
玉米粉	20克
橙酒	30毫升
鲜奶油	160毫升

做法

① 取一小锅，加入牛奶，以中火加热至约85℃备用。

② 将蛋黄与细砂糖以打蛋器打至颜色变白，再加入玉米粉拌匀。

③ 将热牛奶缓缓加入做法2材料中，以隔水加热的方式，搅拌至带稠状，加热过程中需不停搅拌，待变稠后即熄火，将火龙果泥、柳橙汁、橙酒拌入并搅拌均匀，放凉备用。

④ 把鲜奶油以打蛋器打至7分发后与做法3材料一起拌匀，即可倒入容器中。

⑤ 将容器放入冷冻室中约2个小时，取出搅拌，再放入冷冻室中冷冻，重复此操作2～3次即可。

以前制作水果口味的冰淇淋大多会把果肉加糖、水一起煮至糖化，以增加黏稠度帮助乳化，但在处理过程中水果的维生素会被破坏掉，所以利用神奇的糖粉撒在草莓丁上，静置约30分钟让草莓略为出水，再一起放入锅中搅拌。虽然没有放入锅中同煮，但也能达到帮助乳化的效果。

草莓冰淇淋

材料

新鲜草莓	300克
糖粉	30克
什锦莓果酱	100克
牛奶	250毫升
蛋黄	80克
细砂糖	60克
玉米粉	15克
鲜奶油	250毫升

做法

1. 将草莓洗净后去蒂，泡入盐水中10分钟，取出洗净，沥干后切丁，撒上糖粉放置约30分钟让草莓充分吸收糖分且草莓水分释出，备用。

2. 取一小锅，加入牛奶，以中火加热至约85℃，备用。

3. 将蛋黄与细砂糖以打蛋器打至颜色变白，再加入玉米粉拌匀。

4. 将牛奶缓缓加入做法3材料中，以隔水加热的方式，搅拌至带稠状，加热过程中需不停搅拌，待稠后熄火，再将处理后的草莓丁连同碗中的糖水、什锦莓果酱拌入其中并搅拌均匀，一起放凉，备用。

5. 把鲜奶油以打蛋器打至7分发后与做法4中食材一起拌匀，即可倒入容器中。

6. 将容器放入冷冻室中约2个小时，取出搅拌，再放回冷冻室中冷冻，重复此操作2～3次即可。

芒果冰淇淋

材料

芒果泥	300克
柳橙浓缩液	50毫升
牛奶	160毫升
蛋黄	60克
细砂糖	60克
玉米粉	10克
鲜奶油	160毫升

做法

① 取一小锅，加入牛奶，以中火加热至约85℃备用。

② 将蛋黄与细砂糖用打蛋器打至颜色变白，再加入玉米粉拌匀。

③ 将热牛奶缓缓加入做法2材料中，以隔水加热的方式，搅拌至带稠状，加热过程中需不停搅拌，待变稠即熄火，将芒果泥、柳橙浓缩液拌入其中并搅拌均匀，放凉备用。

④ 把鲜奶油以打蛋器打至7分发后与做法3中材料一起拌匀，即可倒入容器中。

⑤ 将容器放入冷冻室中约2个小时，取出搅拌，再重新放回冷冻室中，重复此操作2～3次即可。

荔枝冰淇淋

材料

荔枝	300克
百香果	1颗
甜酒酿	60克
细砂糖	50克
牛奶	200毫升

做法

1. 荔枝、百香果取肉，取一容器，放入荔枝果肉、百香果肉、甜酒酿和细砂糖腌渍30分钟，然后放入果汁机中打成泥备用。
2. 将牛奶加入果泥中混合拌匀，即可倒入容器中。
3. 将容器放入冷冻室中约2个小时，取出搅拌，再放入冷冻室中冷冻，重复此操作2~3次即可。

抹茶冰淇淋

抹茶粉	8克
牛奶	250毫升
蛋黄	80克
细砂糖	100克
玉米粉	15克
鲜奶油	250毫升

做法

1. 取一小锅加入牛奶，以中火加热至约85℃，备用。

2. 取碗，将细砂糖、玉米粉、抹茶粉混合均匀，然后加入蛋黄以打蛋器搅打至均匀，备用。

3. 将牛奶缓缓加入做法2的材料中，以隔水加热的方式，将混合液搅拌至带稠状后熄火，静置待冷却。

4. 取鲜奶油打至7分发后，与做法3的材料一起拌匀，放入冷冻室中约2个小时，取出搅拌，再重新放入冷冻室中冷冻，重复此操作2~3次即可。

芋头冰淇淋

芋头　　　400克
牛奶　　　300毫升
椰奶　　　150毫升
玉米粉　　15克
蛋黄　　　3颗
细砂糖　　100克
鲜奶油　　150毫升

烹饪小秘方
　　若皮肤不小心接触到芋头而发痒、红肿，别担心，有方法可以止痒消肿：用适量的热水或温盐水洗净双手，再沾醋液，指甲缝也要顾及到。

🍴 **做法**

① 芋头去皮、切片，泡入水中略洗即可捞出沥干水分，放入蒸盘中以大火蒸约20分钟至芋头松软，取筛网，将蒸好的芋头过筛网压成泥状备用。

② 取一小锅，加入牛奶、椰奶，以中火加热至约85℃备用。

③ 取一碗，将细砂糖与蛋黄加入其中，以打蛋器搅打至均匀且颜色略白，再加入玉米粉拌匀备用。

④ 续加入牛奶、椰奶混合液中搅拌均匀，再以隔水加热的方式，边搅拌边煮至带稠状后熄火，将备好的的芋头泥加入拌匀，待冷却。

⑤ 取鲜奶油打至7分发后，与做法4中材料拌匀，放入冷冻室中约2个小时，取出搅拌，冉放入冷冻室中冷冻，重复此操作2～3次即可。

浓醇冰淇淋

📍材料

A
鲜奶油　100毫升
牛奶　　300毫升

B
蛋黄　　3颗
细砂糖　60克
水麦芽　20克

❌做法

① 鲜奶油用打蛋器打至7分发备用。

② 取一锅，加入牛奶，开中火以隔水加热方式，煮至约85℃备用。

③ 将材料B放入容器中，充分拌匀。

④ 续将牛奶缓缓倒入拌匀的材料B中，以隔水加热的方式不停搅拌，加热至约85℃，放凉备用。

⑤ 将做法4材料先倒入少部分至打发好的奶油中，搅拌均匀后，再将剩余的做法4材料倒入拌匀，即可装入容器中。

⑥ 将容器放入冷冻室中约2个小时，取出搅拌，再放入冷冻室中冷冻，重复此操作2~3次即可。

焦糖咖啡冰淇淋

🥄 材料

A

速溶咖啡粉	10克
细砂糖	150克
油	50毫升
蜂蜜	15毫升
牛奶	50毫升
鲜奶油	50毫升

B

牛奶	250毫升
蛋黄	40克
细砂糖	80克
玉米粉	20克
鲜奶油	250毫升

🍴 做法

1. 取一锅，把材料A中的牛奶与鲜奶油调匀后以小火加热至约60℃，再加入速溶咖啡粉煮匀，备用。

2. 取一锅，将材料A的细砂糖、蜂蜜加入其中，以小火煮至糖融化，然后加入做法1材料煮匀备用。

3. 取一小锅，加入材料B中的牛奶，以中火加热至约85℃时熄火。

4. 将蛋黄与细砂糖以打蛋器打至颜色变白，再加入玉米粉拌匀，将热牛奶缓缓加入且搅拌均匀。

5. 以隔水加热的方式，将做法4中材料加热至带稠状，加热过程中需不停搅拌，待稠后熄火，加入做法2材料搅拌均匀，放凉备用。

6. 把材料B中的鲜奶油打至7分发后与做法5材料拌匀，即倒入容器中。

7. 将容器放入冷冻室中约2个小时取出搅拌，再重新放入冷冻室中冷冻，重复此操作2~3次即可。

金橘柠檬冰淇淋

材料

A

金橘汁	100毫升
柠檬汁	15毫升
细砂糖	70克
话梅（红色）	数颗

B

牛奶	250毫升
蛋黄	80克
细砂糖	80克
玉米粉	15克
鲜奶油	250毫升

做法

1. 将话梅去籽，切细碎备用。
2. 取一锅，将话梅和其余材料A混合拌匀。
3. 取一小锅，加入牛奶，以中火加热至约85℃备用。
4. 将蛋黄与细砂糖以打蛋器打至颜色变白，再加入玉米粉拌匀，将热牛奶缓缓加入拌匀。
5. 续加入做法2中材料搅拌均匀。
6. 取鲜奶油打至7分发后，加入混合材料中一起拌匀，即可倒入容器中。
7. 将容器放入冷冻室中约2个小时，取出搅拌，再放入冷冻，重复此操作2～3次，食用前以薄荷叶（材料外）装饰即可。

樱桃冰淇淋

材料

A
樱桃	200克
柠檬汁	30毫升
细砂糖	30克

B
乳酸饮料	1瓶
水	30毫升
细砂糖	80克
水麦芽	15克
蛋清	50克
牛奶	150毫升

做法

1. 樱桃洗净沥干，对切去籽后和其余的材料A放入容器中浸渍一晚。
2. 将腌好的樱桃和乳酸饮料放入果汁机中打成泥备用。
3. 取一锅，加入水、细砂糖和水麦芽，以小火加热方式摇动锅身至细砂糖煮匀。
4. 蛋清打至7分发，缓缓加入做法3材料续打至9分发且有光泽度。
5. 续加入牛奶拌匀后，再加入做法2的材料拌匀，即可倒入容器中。
6. 将容器放入冷冻室中约2个小时，取出搅拌，再放入冷冻室中冷冻，重复此操作2~3次即可。

烹饪小秘方

制作樱桃冰淇淋前，可别忘了先去籽，其实为樱桃去籽一点也不难，樱桃洗净去梗后，将整颗樱桃以刀尖划开分成两等份，再以旋转方式取下一边的果肉，另一边带籽的果肉，再以小汤匙直接挖出樱桃籽即可。

热带水果冰淇淋

材料

A
芒果泥　　　100克
香蕉泥　　　100克
百香果泥　　100克
水蜜桃泥　　100克

B
蛋清　　　　50克
细砂糖　　　100克
水　　　　　30毫升
鲜奶油　　　100毫升

做法

1. 将所有材料A一起混合均匀，备用。

2. 取锅，将材料B中的细砂糖、水一起加入其中，以小火加热至细砂糖融化。

3. 把材料B中的蛋清打至7分发，将糖水缓缓倒入蛋清中继续打至9分发，备用。

4. 把鲜奶油打至7分发，先将做法3中的材料加入拌匀，再将做法1的材料加入互拌均匀。

5. 续装入容器中，放入冷冻室中约2个小时取出搅拌，再放入冷冻室中冷冻，重复此操作2～3次即可。

豆腐冰淇淋

材料

嫩豆腐	1块
豆浆	200毫升
蛋黄	4颗
动物性鲜奶油	100克
细砂糖	50克
抹茶粉	适量

做法

1. 嫩豆腐放入滚水中氽烫30秒，捞起沥干，用筛网压成泥状，备用。

2. 豆浆与细砂糖以小火加热搅拌至细砂糖溶解。

3. 将蛋黄打散后，慢慢冲入豆浆，再加入豆腐泥拌匀，冷却备用。

4. 将动物性鲜奶油打至7分发，加入做法3材料互拌均匀，倒入四方浅盘中，移入冷冻室冷冻。

5. 待冷冻2小时后，取出用汤匙搅拌，使材料与空气结合，再放入冰箱冷冻。重复此步骤3~4次后，即成冰淇淋，食用时撒上抹茶粉即可。

美味关键Q&A

Question 1 水果类材料怎么选才够入味？

A：水果冰淇淋既天然又美味，还可以随四季选购当令水果，不但价格较便宜，而且因为正是当令季节，所以水果会特别好吃，但选购水果的时候要注意一些问题，因为这不是拿水果直接食用，而是要作为冰淇淋的材料，所以选购的时候可以选比较成熟的水果，比如香蕉，就选外皮熟黄甚至有些许变黑的最好，这样的香蕉熟软又更绵密，而且酶含量也更丰富。

Question 2 水果为什么要先与糖水混合？

A：水果中的水分如果含量太高，等冰冻后口感还是不好，所以要尽量先让水分释放出来。虽然水果加入糖打成泥也是水果冰淇淋的一种，这样处理主要是要让糖水与水果的混合能够更完全，吃起来可以有融合的感觉，但若要有颗粒的水果冰淇淋，就可以利用糖粉让水果释放出多余水分或切小块后放入冷冻，可让水果纤维更软化，味道更浓缩，制成冰淇淋后更绵密好吃；若是一定得用煮的方式让水果软化，那加入糖水再煮脱水效果会更好，口感也会更融合。

Question 3 为什么牛奶、蛋黄与细砂糖融合之后还要煮到带稠状？

A：若是煮不到带稠状，那材料内的水分就还会留在里面，等到冰冻后空隙中就会留有小冰晶，不仅口感不绵密，还会有点像刨冰，所以制作冰淇淋的要点之一就是要想办法让材料内的水分消除，这样制做出来的冰淇淋才能口感绵密，而且在冰入冷冻室后，每2小时拿出来翻搅一下再冰入冷冻室中，连续两三次后也可以消除不小心残留的水分冰晶，让冰淇淋口感更完美。

Question 4 鲜奶油为什么要打至7分发？

A：鲜奶油若没打发就跟其他材料搅拌，会留存些许奶腥味，而且搅拌的时候不容易拌匀，但是，若打发过了又太硬，鲜奶油中的空气过多，结冻之后又会太过于松散，所以大约7分发最恰当，鲜奶油中含有些许空气但又不会太多，与其他材料混合的时候就会刚刚好，不仅好拌，鲜奶油的风味也会完全发挥。

PART 4

冰淇淋也能这样多变化

冰淇淋虽然好吃，直接吃总觉得少点什么，如果可以加点装饰，或是搭配上铜锣烧饼皮、吐司片等，吃起来似乎又是另一种口感，更是让人难忘的好滋味！

4种冰淇淋淋酱

巧克力淋酱

材料
苦甜巧克力	120克
牛奶	100毫升
鲜奶油	55毫升
细砂糖	30克
奶油	12克

做法
1. 将苦甜巧克力切成细碎状，备用。
2. 取一锅，将牛奶与鲜奶油一同加入其中，以中火加热至约85℃即熄火。
3. 将苦甜巧克力碎、细砂糖、奶油加入做法2中的锅中，再以小火煮均匀即完成。

抹茶淋酱

材料
抹茶粉	15克
水	120毫升
细砂糖	100克
水麦芽	20毫升

做法
1. 取一锅，将水、细砂糖、水麦芽加入其中，以小火拌煮至细砂糖融化。
2. 把煮好的糖液缓缓倒入抹茶粉中搅拌均匀即完成。

桑葚淋酱

材料
新鲜桑葚	200克
苹果	100克
水	50毫升
细砂糖	100克
柠檬汁	15毫升

做法
1. 取一锅，将水与细砂糖一起加入锅中，以小火加热煮至细砂糖融化备用。
2. 将新鲜桑葚洗净沥干，苹果去皮去籽、切丁备用。
3. 把桑葚、苹果丁与柠檬汁倒进果汁机中打成泥，再放入煮好的糖浆以小火煮至酱汁状，再以滤网过滤取汁即完成。

香草淋酱

材料
香草豆荚	1/2支
牛奶	150毫升
鲜奶油	50克
蛋黄	40克
细砂糖	30克

做法
1. 将香草豆荚从中间剖开，取出香草籽，取一锅，把牛奶、鲜奶油、香草籽与香草豆荚加入其中，小火煮约2分钟至香草香味融入牛奶中，即可熄火，挑出香草豆荚。
2. 另取一锅，加入蛋黄与细砂糖，以打蛋器搅打至颜色变白。
3. 将做法1中材料缓缓加入蛋黄液中搅拌均匀，再以小火煮至约85℃，过程中需轻轻搅拌至呈酱汁状即完成。

铜锣烧冰淇淋

材料

铜锣烧	4片
黑芝麻冰淇淋	1球
杏仁豆浆冰淇淋	1球

备注：黑芝麻冰淇淋做法请参考P36，
　　　杏仁豆浆冰淇淋做法请参考
　　　P35。

做法

❶ 取一片铜锣烧，放上黑芝麻冰淇淋，再盖上另一片铜锣烧。

❷ 取一片铜锣烧，放上杏仁豆浆冰淇淋，再盖上另一片铜锣烧。

烹饪小秘方

铜锣烧

材料：

A.低筋面粉85克，B.全蛋100克，C.细砂糖50克、蜂蜜15克、味啉9毫升，D小苏打1克、水15毫升

做法：

1. 低筋面粉过筛备用。

2. 材料D混合拌匀备用。

3. 全蛋打匀，加入材料C打到质地松发，加入混合材料D拌匀后，再加入过筛后的低筋面粉，用橡皮刮刀以同方向拌匀至无粉末状，静置30分钟。

4. 热锅，取适量面糊入锅呈圆形，再以小火烘煎至面皮出现小气泡，翻面再煎10秒即可盛起放凉。

香蕉船

🥝 材料

香蕉	1根
草莓冰淇淋	1球（约50克）
巧克力冰淇淋	1球（约50克）
芒果冰淇淋	1球（约50克）
巧克力淋酱	适量
冰淇淋饼干碗	1个
巧克力饼干	1片
什锦水果	适量

✄ 做法

❶ 取冰淇淋饼干碗依序放上草莓冰淇淋、巧克力冰淇淋、芒果冰淇淋球。

❷ 香蕉剥皮后对切，与其他什锦水果一起放入冰淇淋饼干碗中装饰，再放上巧克力饼干，最后淋上巧克力淋酱即可。

备注：草莓冰淇淋做法请参考P47，巧克力冰淇淋做法请参考P44，芒果冰淇淋做法请参考P44，巧克力淋酱做法请参考P63。

什锦水果圣代

材料

樱桃丁	3颗
哈密瓜块	少许
西瓜块	少许
水梨块	少许
荔枝	1颗
芒果片	适量
西瓜冰淇淋	2球
汽水	适量

做法

❶ 取杯，装入樱桃丁、哈密瓜块、西瓜块、水梨块、荔枝等约8分满，再放入西瓜冰淇淋和芒果片。

❷ 接着倒入汽水，与杯中水果同高即可。

备注：西瓜冰淇淋做法请参考P29。

红糖漂浮冰淇淋

📋 材料

红糖蜜	适量
香草冰淇淋	2球
冰块	适量
冷开水	适量

✱ 做法

❶ 取杯，倒入约杯子1/3容量的红糖蜜，再放满冰块至杯口。

❷ 续放上2球香草冰淇淋，再加入适量的冷开水至8分满即可。

备注：香草冰淇淋做法请参考P43。

烹饪小秘方

红糖蜜

材料：

红糖80毫升，水麦芽15克，水70毫升，蜂蜜15毫升

做法：

取一干锅，放入红糖炒香，加入水麦芽和水煮匀后，放至冷却，再加入蜂蜜拌匀，即为红糖蜜。

总汇冰淇淋

🔖 材料

洛神冰淇淋	适量
香草冰淇淋	适量
双色番薯冰淇淋	适量
金黄猕猴桃丁	少许
红火龙果丁	少许
李子丁	少许
香瓜丁	少许
熟土豆片	1片

❌ 做法

❶ 取杯，先放入双色番薯冰淇淋压紧，再放上全部的水果丁，接着放上香草冰淇淋压紧，最后再放上洛神冰淇淋压紧。

❷ 接着放上熟土豆片和少许水果丁（材料外）装饰即可。

备注：洛神冰淇淋做法请参考P21，香草冰淇淋做法请参考P43，双色番薯冰淇淋做法请参考P32。

泡芙冰淇淋

🍧 材料

泡芙	5个
荔枝冰淇淋	适量
五谷米冰淇淋	适量
香草冰淇淋	适量
柠檬冰淇淋	适量
木瓜牛奶冰淇淋	适量
蜂蜜	适量

✖ 做法

1. 将泡芙横向剖开，但不要切断，再依序填入五种口味的冰淇淋，放置盘上。

2. 可先放置冷冻室冷冻约10分钟定型，取出再淋上蜂蜜即可。

备注：荔枝冰淇淋做法请参考P45，五谷米冰淇淋做法请参考P35，香草冰淇淋做法请参考P38，柠檬冰淇淋冰淇淋做法请参考P16，木瓜牛奶冰淇淋做法请参考P22。

烹饪小秘方

泡芙

材料：

A. 牛奶200毫升、奶油100毫升、盐2克、细砂糖5克，B 中筋面粉120克，C 全蛋液220克

做法：

1. 取锅，放入材料A煮至滚沸，加入过筛后的中筋面粉，以小火煮匀，至锅中的面粉糊化于锅底结一层面糊皮。

2. 将做法1取出搅拌至温度降至约60℃，分次加入全蛋液搅拌至面糊，以橡皮刮刀拉起呈光亮的倒三角状。

3. 将做法2装入挤花袋中，在铺有烤焙纸的烤盘上挤成适当大小的圆锥状，将烤盘移入预热好的烤箱中，以上火190℃下火190℃烘烤约30分钟，取出放凉即为泡芙。

酒渍蜜果干冰淇淋

材料

什锦蜜饯果干	50克
朗姆酒	50毫升
椰香冰淇淋	4球
夏威夷果仁	少许
开心果	少许
百香果	1颗
蜂蜜	适量

做法

1 取容器，倒入朗姆酒，放入什锦蜜饯果干浸泡约15分钟至吸收酒香。

2 百香果和蜂蜜混合拌匀备用。

3 取容器，放入椰香冰淇淋，先淋上做法2百香果酱，再撒上做法1的酒渍什锦蜜饯果干、夏威夷果仁和开心果即可。

备注：椰香冰淇淋做法请参考P25。

蜜果冰淇淋

材料

热带水果冰淇淋　50克
葛切　　　　　　　适量
新鲜芒果　　　　　适量
猕猴桃　　　　　　适量
草莓　　　　　　　适量

做法

1. 将葛切泡入水中至软，捞出后再放入开水中煮熟，等熟后再捞出放入冷水中泡至冷却，捞出沥干水分后，备用。

2. 芒果去皮、去核、切块；猕猴桃去皮后切片；草莓洗净对切，备用。

3. 取一碗，先将备好的葛切铺在碗底，再淋上热带水果冰淇淋，旁边再以水果装饰即可。

备注：热带水果冰淇淋做法请参考P58。

烧番薯冰淇淋

材料

番薯	300克
细砂糖	20克
麦芽糖	20克
奶油	15克
香草冰淇淋	100克
抹茶淋酱	适量
抹茶粉	少许

做法

❶ 番薯去皮、切片后，放入蒸锅中以大火蒸约20分钟至熟且呈柔软状即取出。

❷ 取一锅，将蒸好的番薯加入细砂糖、麦芽糖、奶油于盆中，再移到炉上以小火加热，边加热边拌匀所有材料，至全部材料混合均匀，冷却后分成等份，搓圆后中间压出凹洞。

❸ 将番薯球放入预热好的烤箱中以上火200℃下火180℃烤约15分钟至外皮略上色。

❹ 在烤好的成品上放上一球香草冰淇淋，淋上些许抹茶淋酱，再撒上少许抹茶粉即可。

备注：抹茶淋酱做法请参考P50，香草冰淇淋做法请参考P43。

草莓绵绵冰

🔖 材料

剉冰	适量
炼乳	30毫升
草莓冰淇淋	150克
草莓	1颗

✂ 做法

❶ 取一碗，把剉冰放入大碗中，加入炼乳与草莓冰淇淋。

❷ 取一大钢盆，放入冰块，再将大碗放在冰块上，以汤匙翻搅碗中的材料至全部均匀且质地绵密细致。(隔冰搅拌的用意在于降低温度，预防绵绵冰太快融化)

❸ 将拌好的绵绵冰盛入碗中，以对切的草莓装饰即可。

备注：草莓冰淇淋做法请参考P47。

芒果奶昔

材料

芒果冰淇淋	200克
原味酸奶	200克
桑葚淋酱	适量

做法

① 将原味酸奶放入冷冻室中冻至结冰。

② 将冰好的原味酸奶与芒果冰淇淋放入果汁机中，一起打成浓稠状。

③ 取一空杯，先倒入桑葚淋酱，再加入搅打好的酸奶冰淇淋汁即可。

备注：芒果冰淇淋做法请参考P48，桑葚淋酱做法请参考P63。

宇治金时冰淇淋

材料
刨冰	适量
蜜红豆	100克
水	25毫升
抹茶冰淇淋	3球（150克）
白玉	2粒
抹茶淋酱	适量

做法
1. 取一锅，将蜜红豆与水一起以中火煮匀，马上熄火，待凉备用。
2. 取一碗，取适量熟蜜红豆盛入碗底，铺上刨冰，于其上淋上适量抹茶淋酱，再放上抹茶冰淇淋。
3. 续于碗内排入白玉及剩下的熟蜜红豆，最后再淋上些许抹茶淋酱即可。

备注：抹茶冰淇淋做法请参考P450，白玉做法请参考P81，抹茶淋酱做法请参考P63。

魔鬼雪糕

📑 **材料**
苦甜巧克力　100克
核桃　　　　30克
香草冰淇淋　适量

🍴 **做法**

❶ 将苦甜巧克力切碎，以隔水加热的方式至苦甜巧克力完全融化，备用。

❷ 将核桃切碎加入融化的巧克力中拌匀。

❸ 将香草冰淇淋切成方块状，再把核桃碎巧克力淋在香草冰淇淋块上即完成，若再送入冷冻室中冰冻一会儿会更可口。

备注：香草冰淇淋做法请参考P43。

仙草冻冰淇淋

🔖 材料

仙草冻	适量
哈密瓜	1片
五谷米冰淇淋	1球
水梨	1片
樱桃	1颗
白糖蜜	适量

❌ 做法

❶ 仙草冻切成块状，泡入冷水中，捞起放入容器中。

❷ 接着加入哈密瓜、水梨和樱桃，再放上五谷米冰淇淋，淋上白糖蜜即可。

备注：五谷米冰淇淋做法请参考P38。

烹饪小秘方

白糖蜜

材料：

细砂糖100克、水30毫升、水麦芽15毫升

做法：

取一锅，加入水、细砂糖和水麦芽，以小火加热方式，摇动锅身至细砂糖煮匀，放凉即可。

花生冰淇淋卷

🍴 材料

A

花生粉	50克
细砂糖	15克
香菜	适量
芋头冰淇淋	适量
色拉油	适量

B

全蛋	50克
蛋黄	20克
细砂糖	15克
牛奶	250毫升
低筋面粉	110克

✂️ 做法

1. 将材料A中的花生粉与细砂糖混合均匀，备用。

2. 将材料B中的全蛋与蛋黄均匀地打散，再依次加入B中剩余的材料，搅拌均匀呈面糊状，静置约30分钟，操作前需再轻轻拌匀一次。

3. 取一平底锅，热锅后抹上一层色拉油（需以厨房纸巾吸走多余的油脂），取一大匙面糊倒入平底锅中，需转动平底锅使面糊均匀分布在锅底，以中火加热至边缘的面皮自然脱模即可取出。

4. 取一面皮，在中间部分先加入混合的花生粉和细砂糖，再撒上适量香菜，最后加上一小球芋头冰淇淋，将面皮包好即可。

备注：芋头冰淇淋做法请参考P51。

法式土司冰淇淋

材料

香草冰淇淋	2球
厚片土司	1片
鸡蛋	2颗
牛奶	60毫升
盐	少许
胡椒粉	少许
色拉油	少许
奶油	适量
蜂蜜	适量

做法

1. 将厚片土司去边，分切成六等份的块状备用。
2. 取容器放入鸡蛋打散，和盐、胡椒粉、牛奶拌匀备用。
3. 将土司块浸泡在鸡蛋混合液中约5分饱满，捞起备用。
4. 取一平底锅烧热，倒入色拉油润锅，将奶油放入锅内融化后，放入土司块煎至双面呈金黄色，盛入盘中，放上香草冰淇淋，再淋上蜂蜜即可。

备注：香草冰淇淋做法请参考P43。

冰峰

材料

火龙果冰淇淋	适量
金橘柠檬冰淇淋	适量
抹茶冰淇淋	适量
桑葚淋酱	适量
海绵蛋糕	适量
樱桃	两粒
松仁	适量

做法

1. 把海绵蛋糕切成小块，备用。

2. 取一杯，先放部分海绵蛋糕入杯底，然后盛入冰淇淋（依序堆高），再摆上剩下的海绵蛋糕，最后再淋上桑葚淋酱。

3. 最后撒入松仁，放入樱桃点缀即可。

备注：火龙果冰淇淋做法请参考P45，金橘柠檬冰淇淋做法请参考P55，抹茶冰淇淋做法请参考P50，桑葚淋酱做法请参考P63。

白玉冰淇淋

🔖 材料

A
糯米粉 100克
玉米粉 12克
水 90毫升

B
蜜红豆 200克
水 50毫升
抹茶冰淇淋 1球

❀ 做法

❶ 将材料A中的糯米粉与玉米粉混合拌匀，加入材料A的水拌成如耳垂软度的面团，再捏成小块，分别搓成扁圆状。

❷ 将面团放入开水中煮至面团都浮至水面后，再煮约3分钟，即可捞出泡入冰水中冷却，再捞起沥干水分即为白玉，备用。

❸ 取一锅，将材料B中的蜜红豆与水倒入其中后，以中火煮滚即熄火，过程中须搅拌，放凉，备用。

❹ 取一碗，将煮熟的蜜红豆盛入碗底，再盛入抹茶冰淇淋与煮好的白玉即可。

备注：抹茶冰淇淋做法请参考P50。

粉条冰淇淋

材料

粉条	适量
荔枝冰淇淋	1球
李子	1颗
红糖蜜	少许
碎冰块	适量

做法

1. 将粉条提前泡好并煮熟，捞起。
2. 放入盛有碎冰块的碗中。
3. 放上对半切的李子，加入荔枝冰淇淋，再淋入红糖蜜即可。

备注：荔枝冰淇淋做法请参考P49，红糖蜜做法请参考P67。

漂浮咖啡冰淇淋

材料

热咖啡 适量
椰香冰淇淋 1球

做法

❶ 取杯放入椰香冰淇淋。

❷ 再倒入热腾腾的咖啡杯中即可。

备注：椰香冰淇淋做法请参考P25。

制冰必备器具

当季新鲜水果

挑选水果，不仅要看新鲜度，水果产地当时的气候环境和生产者的技术也都会大大影响水果的质量及口感。因此选择有信用、生产记录优良的生产者才是挑选好水果的不二法则。

制作工具

专业电动搅拌器是将新鲜果肉搅拌制成泥状的主要工具，搅拌完成后的果泥颗粒大小、粗细是决定冰淇淋制成冷冻后，所产生的口感与甜度的重要关键；其他像橡胶刮刀、匙器、刻度的量杯也都是制作手工冰淇淋时必备的基本器具。

甜度计

除了依照经验累积做出来的人为判断，甜度计是冰淇淋制作过程中不可或缺的重要工具，它能够以光的折射角度计算出液体中的含糖量，如此一来就能透过数据显示决定是否需要再添加果糖。

手工芒果冰 step by step

❶ 将芒果洗净之后削皮。

❷ 将削好的果肉去核、切丁。

❸ 电动搅拌器中放入切好的芒果丁及适量的水。

❹ 将芒果丁搅至呈泥状。

❺ 测量糖度。

❻ 依拌好的果泥甜度加入等比例果糖。

❼ 倒入冰淇淋机，依当天温度及湿度决定制冰运转时间。

❽ 装盒。刚做好的冰淇淋质地偏软，需放入冷冻室继续冷冻一晚后才算完成。

PART 5

布丁，自己制作
简单又安心

布丁是简单易学又不麻烦的甜点，就算是烘焙初学者也能轻松上手。自己做布丁不必添加多余食品添加剂，用最天然的材料，最简单的方式，你就能轻松享用。

制作布丁必备器具

想要亲手制作香滑柔顺的美味布丁，并不需要太多或太昂贵的器具就可以轻松完成了。简单的工具操作，超省时又省力的制作方法，一定会让你得到最大的制作乐趣和成就感，现在，我们就赶快一起来准备吧!

打蛋器

使用打蛋器，轻松的就能将所有制作布丁的材料一起搅拌均匀。一般的打蛋器可区分为电打蛋器和直形打蛋器。由于布丁是一种较为简单的甜点，所以用直形打蛋器，即可轻松搅拌好所有的材料。

量杯和量匙

量杯和量匙都是用来测量材料的容器，只是依照测量材料的不同，选择不同的测量容器。如：牛奶、鲜奶油等液状材料，有时因所需量多，所以最好是使用量杯来装取；而量匙则适宜用来测量少量的粉类或液态材料。

刮刀

这是将制作完成的布丁液倒入模型中的好器具。利用刮刀，很容易就能将略为黏稠又带点流质的布丁液装入模型中，但是如果家中没有这样的器具，也可以汤勺替代使用。

筛网

有些材料必须过筛后，才能呈现出布丁特有的细致滑嫩感，如：制作蒸烤布丁的布丁液，就一定要过筛，否则蒸烤出来的布丁虽然可以食用，但在口感上却会有明显的差异。多了一个过筛的动作，可是会让吃在嘴里的布丁，更让人难忘喔!

磅秤

所有的材料都有一定的比重，精确地测量出材料所需的量，是做好布丁的首要工作，特别是胶冻原料的测量，往往一点疏忽就很容易导致布丁制作的失败。其实只要准确地测量出每种材料所需的分量后，美味的布丁就已经成功一半了。

布丁模型

布丁模型是让布丁成型的最佳容器。布丁模型五花八门，选用的容器，最好是能耐高温的，因为布丁液往往是经由加热后才倒入容器中使它成型为布丁，因此最好能考虑到容器是否能耐热，再决定是否作为布丁的模型。

制作布丁基础材料

布丁的制作简单易学，它所需要准备的材料也很容易获得，只需利用鸡蛋、鲜奶等家常食材，你就可以拥有营养满分、口感加倍的小甜点了。

1 马兹卡邦奶酪

除了鲜奶与鲜奶油外，意大利人独爱奶酪，奶酪的种类有数千种之多，每一种的质地与风味都不同，以大类来说，意大利人常利用各种软质奶酪，让点心具有浓郁与柔滑的特色，使用的分量也非常多，成为意式点心最大的特色，如提拉米苏中所使用的马兹卡邦奶酪。

2 鲜奶油

分为动物性鲜奶油和植物性鲜奶油两种，动物性鲜奶油口融性佳，适合用来制作冰淇淋、慕斯、布丁等成品；植物性鲜奶油因可塑性较高且有甜味，因此常被用来作为装饰挤花的材料或涂抹在蛋糕体上以增加口感。

3 鸡蛋

具有发泡性、凝固性和乳化性等特性，在炎热的夏季里最好是将鸡蛋放入冰箱中冷藏保存，使用的时候再拿出来回温。而在选购新鲜的鸡蛋时，建议你把鸡蛋对着光线看，如果鸡蛋的透光度很好，而且蛋的外表摸起来粗糙，这个鸡蛋就比较新鲜！

4 柠檬

西点制作中使用频率最高的水果，除了果汁可加入材料中提味外，制作果冻时也可以将外皮磨碎加入，可赋予甜点浓郁的水果芳香，是极佳的天然香料。

5 细砂糖

细砂糖是西点制作时不可缺少的材料，除可增加甜味外，打蛋时加入也有帮助起泡的作用，是制作布丁的基础材料之一。

胶冻原料大剖析

1 明胶粉

是由猪、牛的皮或骨头，经过加热、加酸、抽胶、去脂、干燥、粉碎而成，含有非常丰富的蛋白质，口感软绵、有弹性，保水性好。

用法：明胶粉在使用前要先以5倍的水浸泡至吸水膨胀，溶解温度为70℃以上，凝固点在10℃以下，因此制成的产品要放入冰箱冷藏才会凝结定型。

2 琼脂

用法：琼脂需事先以热水调匀使用，调水的比例约为1：100（琼脂水），也可以直接加入材料类增加成品的胶冻感。

其他用途：如果是琼脂成分的深海洋菜，可加入饮料内饮用，因食材本身含有丰富的膳食纤维。

3 果冻粉

果冻粉是已经将制作果冻应有的材料，像是调味粉、砂糖、胶冻粉等，以最佳的比例调和浓缩成干燥的速溶粉末。

用法：只要取果冻粉和一定比例的冷水混合煮沸拌匀后，直接倒入模型中待凉凝固，就可以快速又轻松地品尝到果冻。

4 洋菜条

由藻类提炼而成的凝固剂，使用前必须先浸泡冷水，其可溶于80℃以上的热水，成品口感具有脆硬特性。

用法：洋菜条必须先浸泡于水中约30分钟，再弄碎加水煮10～15分钟，才会完全溶解。

其他用途：可将洋菜条泡软后，变成装饰菜肴的材料或做成凉拌菜。

5 明胶片

是由动物的结缔组织中提炼萃取而成的凝结剂。

用法：明胶片使用前必须一片片放入冰开水中泡软，才不会黏在一起。

其他用途：明胶片加水融化后，直接刷在菜上，可让菜的外观看起来更有光泽度。

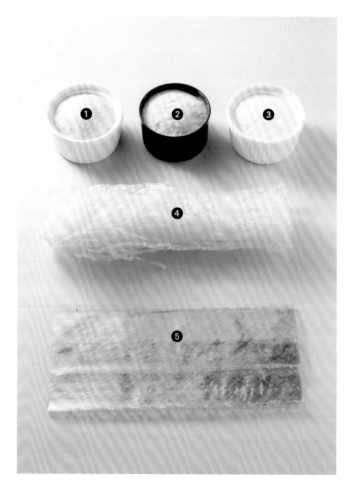

PART 6

香浓蒸烤布丁

　　美味爽滑的布丁人人都爱，有着浓郁奶香味的布丁更能让人吃出幸福的感觉来。不要以为这很复杂，只要动手，想吃随时都能吃。

红茶鸡蛋焦糖布丁

材料

A

细砂糖	100克
水	20毫升
热水	5毫升

B

红茶茶包	2包
鸡蛋	3颗
蛋黄	2颗
鲜奶	500毫升
细砂糖	40克

烹饪小秘方

煮焦糖时，细砂糖放入锅中一加热，就不要去搅动了，否则会变成结晶，反而不容易煮成焦糖。而烤布丁时，隔水烘焙会让布丁表面保持湿润，不易裂开。

做法

1. 鸡蛋一端敲开一小孔，再以剪刀将开孔小心修剪整齐，倒出蛋黄与蛋清；蛋壳清洗干净后沥干，备用。

2. 材料A中的细砂糖放入锅中，加入水，加热煮至细砂糖融化。

3. 继续加热直到糖水呈现琥珀色后熄火，再加入热水拌匀即为焦糖液。

4. 将焦糖液趁热倒入蛋壳之中（1~2分满）。

5. 将250毫升的鲜奶、材料B中的细砂糖放入锅中煮沸后熄火，放入红茶茶包，浸泡5分钟后取出。

6. 搅拌盆中放入鸡蛋、蛋黄打散，再加入剩下的250毫升牛奶搅拌均匀，然后将做法5中做好的温奶茶缓缓倒入，搅拌均匀即为布丁液。

7. 将布丁液以滤网过筛，再倒入盛焦糖液的蛋壳中约9分满。

8. 在烤盘中注入温水，将蛋壳先放入小茶杯中固定，再放入烤盘中隔水烘焙，以上下火150℃烤20~25分钟。

9. 将烤好的布丁放凉，放入冰箱冷藏即可。

备注：蛋壳的切口要切割整齐，需用专门的蛋壳切割器（eggtopper），若以剪刀修剪，形状可能会不整齐。

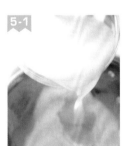
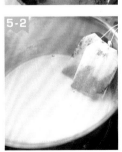

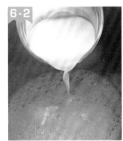

焦糖牛奶布丁

材料

鸡蛋	100克
牛奶	250毫升
细砂糖	30克
焦糖	适量

做法

1. 将适量的焦糖装入耐蒸烤的模型杯中备用。
2. 将鸡蛋打散拌匀备用。
3. 牛奶和细砂糖煮至完全融化，冲入蛋液混合拌匀，过筛后静置约30分钟。
4. 续倒入装有焦糖的耐蒸烤蒸模型杯中，再放入蒸笼内，以中小火蒸 25～35分钟，食用前撒入糖粉（材料外）装饰即可。

烹饪小秘方

焦糖
材料：
水30毫升，细砂糖100克
做法：
将水与和细砂糖直接加热至呈琥珀色，150～160℃即可。

枫糖布丁

材料

A
动物性鲜奶油	400克
枫糖浆	160克

B
鸡蛋	3颗
蛋黄	2颗

C
枫糖浆	适量
动物性鲜奶油	少许
薄荷叶	少许

做法

1. 所有材料B拌匀备用。

2. 所有材料A拌匀，倒入拌匀的材料B中，搅拌后以细筛网过滤出枫糖布丁液，倒入模型中以瓦斯喷枪快速烤除表面气泡（也可用小汤匙将气泡戳破）。

3. 烤箱预热，取出烤盘倒入适量的水，放入完成的做法2布丁模型，以上下火160℃蒸烤约30分钟至枫糖布丁熟透，取出冷却后放入冰箱冷藏。

4. 食用前可在布丁上淋上适量枫糖浆，并用动物性鲜奶油勾出图案，摆上薄荷叶装饰即可。

焦糖烤布丁

材料

蛋黄	100克
动物性鲜奶油	200克
牛奶	100毫升
细砂糖	40克

做法

1. 将蛋黄打散拌匀备用。
2. 将动物性鲜奶油、牛奶和细砂糖煮至完全融化后，冲入蛋黄液混合拌匀，过筛后静置约30分钟。
3. 续倒入耐烤模型中，放入烤箱内，以上下火150度的隔水加热方式蒸烤35~40分钟。
4. 取出蒸烤好的布丁，撒上少许糖粉（材料外），再用喷枪烧烤糖焦化即可。

烹饪小秘方

如果想让布丁吃起来香气更浓郁些，可将材料中的细砂糖改成红糖。布丁上撒的糖粉越厚，烧烤出来的成品会越漂亮，但口感却相对较差。

焦糖苹果布丁

材料

A
苹果丁	150克
细砂糖	60克
水	20毫升
奶油	5克
泡酒葡萄干	20克

B
鸡蛋	3颗
蛋黄	2颗
鲜奶	400毫升
苹果汁	100毫升
细砂糖	30克

做法

1. 将材料A中的细砂糖、水放入锅中以小火加热，煮至细砂糖融化，继续加热直到糖水呈琥珀色。

2. 糖水中加入苹果丁及奶油拌炒到水分收干后熄火，放入泡酒葡萄干拌匀，放凉后备用。

3. 将鲜奶与材料B的细砂糖加热至糖融化。

4. 鸡蛋、蛋黄加入苹果汁搅拌均匀，将做法3的鲜奶糖水倒入其中，搅拌均匀后过筛，再倒入布丁杯中约9分满。

5. 在烤盘中注入温水，将布丁杯放入烤盘中隔水烘焙，以上下火150℃烤20~25分钟。

6. 将做法2中备好的材料摆在布丁表面，放入冰箱冷藏即可。

法式烧烤布丁

🍱 材料

A
鸡蛋	1颗
蛋黄	130克
细砂糖	50克
动物性鲜奶油	250克
鲜奶	170克
白兰地酒	15毫升
香草精	少许

B
细细砂糖	50克

✂ 做法

① 将材料A中的鲜奶和细砂糖一起加热至糖融化后，离火备用。

② 再将材料A中的鸡蛋与蛋黄一起稍微拌散后，再加入动物性鲜奶油、香草精与白兰地酒一起拌均匀。

③ 倒入做法1的鲜奶糖水一起拌匀后，放置一旁静置约30分钟，并将表面的气泡捞除。

④ 静置后，倒入布丁模型中，再放入烤盘里，以隔水烘焙的方式，移入已预热好的烤箱里，以上下火160℃烘烤约40分钟即取出放凉。

⑤ 再撒上材料B中后，以喷火枪将表面的细细砂糖加热烘烤成金黄色即。

焦糖南瓜布丁

材料

A

细砂糖	100克
水	20毫升
热水	5毫升

B

南瓜泥	120克
鸡蛋	2颗
蛋黄	1颗
鲜奶	200毫升
细砂糖	30克
动物性鲜奶油	10克

做法

① 材料A中的细砂糖、水放入锅中，以小火加热煮至细砂糖融化，继续加热直到糖水呈现琥珀色后熄火，再加热水拌匀即为焦糖液。

② 将焦糖液趁热倒入容器中备用。

③ 鸡蛋、蛋黄、动物性鲜奶油拌匀，加入南瓜泥拌匀备用。

④ 鲜奶、细砂糖放入锅中以小火煮到细砂糖融化，加入南瓜泥拌匀后过筛，倒入焦糖液容器中。

⑤ 将容器放入烤箱，以上下火150℃烤40~50分钟即可。

烹饪小秘方

做南瓜泥很简单，只要将南瓜去籽后放入电饭锅中蒸至软，取出以汤匙将果肉挖出，再捣成泥状，最后记得要以筛网过筛，因为南瓜有粗丝及纤维，筛过的南瓜泥口感会更细致可口。

豆腐布丁

材料

老豆腐	100克
鸡蛋	2个
蛋清	1/2 颗
细砂糖	40克
无糖豆奶	300毫升

做法

① 将老豆腐放入筛网中压成豆腐泥备用。

② 将鸡蛋、蛋清及豆腐泥，加入150毫升豆奶拌匀备用。

③ 将剩余的无糖豆奶、细砂糖放入锅中以小火煮到细砂糖融化，再加入豆腐泥拌匀，以筛网过筛后，倒入布丁杯中。

④ 将布丁杯放入烤箱，以上下火 150℃烤30~35分钟，待冷却后入冰箱冷藏，食用前撒入黑芝麻（材料外）装饰即可。

烹饪小秘方

因为盒装的嫩豆腐含水量比老豆腐要多，不适合用来做布丁，所以使用老豆腐较适合，且口感更绵密。

日式布丁

材料

A

细砂糖	100克
水	20毫升
热水	5毫升

B

鸡蛋	3颗
蛋黄	2颗
鲜奶	500毫升
细砂糖	40克

C

全脂牛奶	适量

做法

1. 材料A中的细砂糖、水放入锅中，以小火加热煮至细细砂糖融化，继续加热直到糖水呈现琥珀色后熄火，再加热水拌匀即为焦糖液。
2. 将焦糖液趁热倒入布丁杯中(1~2分满)。
3. 将250毫升的鲜奶、材料B中的细砂糖混合煮到糖融化备用。
4. 将鸡蛋、蛋黄加入剩下的250毫升牛奶搅拌均匀，再将做法3中煮好的牛奶糖水倒入其中，搅拌均匀后过筛，再倒入布丁杯中至约7分满。
5. 在烤盘中注入温水，将布丁杯放入烤盘中隔水烘焙，以上下火150℃烤20~25分钟，放凉后放入冰箱冷藏，食用前取出加入全脂牛奶即可。

香草米布丁

📋 材料

香草荚	1/2条
米饭	60克
鲜奶	500毫升
蛋黄	2颗
细砂糖	50克
泡酒葡萄干	2粒
鲜奶油	少量
橄榄	半颗

✂ 做法

① 将鲜奶、蛋黄、细砂糖、香草荚放入锅中煮匀，再加入米饭煮至浓稠状。

② 放入泡酒葡萄干拌匀，倒入容器之中。

③ 烤盘中注入温水，将容器放入烤盘中隔水烘焙，以上下火150℃烤15~20分钟即可。

④ 将鲜奶油挤圆花状，橄榄点缀其上装饰即可。

> **烹饪小秘方**
>
> 米布丁冷却后口感会变得较硬，所以要趁温热吃，才能品尝到滑嫩的口感。

德式布丁塔

材料

奶油	85克	鲜奶	160克
糖粉	85克	细砂糖	30克
盐	2克	香草荚	1/2条
鸡蛋	45克	动物性鲜奶油	200克
低筋面粉	175克	朗姆酒	8毫升
高筋面粉	25克	蛋黄	80克
奶油奶酪	40克		

做法

1. 将奶油放在室温软化。
2. 取容器放入奶油，再加入糖粉、盐、鸡蛋、低筋面粉、高筋面粉拌匀成团。
3. 将面团以保鲜膜包起，后放入冰箱冷藏放置4个小时。
4. 取出面团擀平，铺入塔模中备用。
5. 将奶油奶酪、鲜奶、细砂糖、香草荚放入锅中以小火煮至细砂糖融化，加入动物性鲜奶油、朗姆酒、蛋黄拌匀。
6. 将做好的混合材料倒入塔皮中，以上火200℃下火180℃烤约25分钟即可。

栗子烤布丁

材料

法式栗子泥	120克
糖渍栗子	适量
鸡蛋	2颗
蛋黄	1颗
鲜奶	200毫升
细砂糖	30克
动物性鲜奶油	110克

做法

① 鸡蛋、蛋黄混合拌匀，加入动物性鲜奶油、法式栗子泥拌匀备用。

② 鲜奶加入细砂糖放入锅中以小火煮到糖融化，加入做法1中材料搅拌均匀，过筛后倒入容器中。

③ 在烤盘中注入温水，将布丁杯放入烤盘中隔水烘焙，以上下火160℃蒸烤30~40分钟。

④ 布丁表面放上糖渍栗子，放入冰箱冷藏即可。

花生酱烤布丁

材料

无糖花生酱	100克
熟花生	适量
无糖豆奶	340毫升
细砂糖	135克
鲜奶油	340克
蛋黄	45克
鸡蛋	225克

做法

1. 无糖豆奶加入细砂糖，以小火煮到温度超过60℃。
2. 鲜奶油、蛋黄、鸡蛋、无糖花生酱拌匀后加入煮好的豆奶中，再过筛后倒入布丁杯中。
3. 在烤盘中注入温水，将布丁杯放入烤盘中隔水烘焙，以上下火150℃烤20~25分钟。
4. 待布丁冷却后，放入冰箱冷藏约4个小时，取出后在布丁上放熟花生做装饰即可。

烹饪小秘方

要让烘焙出来的布丁表面光滑细致没有气孔，可以在倒入布丁杯后，以餐巾纸将表面的气泡吸除，或以喷火枪在蛋液表面稍微加热，让气泡消散。

乌龙茶烤布丁

材料

A

细砂糖	100克
水	20毫升
热水	5毫升

B

乌龙茶叶	15克
鸡蛋	3颗
蛋黄	2颗
鲜奶	500毫升
细砂糖	40克

做法

1. 将材料A中的细砂糖、水放入锅中，以小火加热煮至细砂糖融化，继续加热直到糖水呈现琥珀色后熄火，再加热水拌匀即为焦糖液。

2. 将焦糖液趁热倒入容器中备用。

3. 将250毫升的牛奶加入材料B中的细砂糖煮沸，再加入乌龙茶叶，浸泡5分钟后将茶叶取出。

4. 将鸡蛋、蛋黄加入剩下250毫升鲜奶搅拌均匀，倒入奶茶搅拌均匀后过筛，再倒入布丁杯中至约9分满。

5. 在烤盘中注入温水，将布丁杯放入烤盘中隔水烘焙，以上下火150℃烤20~25分钟，待布丁放凉后放入冰箱冷藏即可。

巧克力烤布丁

材料

巧克力屑	适量
可可粉	30克
细砂糖	135克
鲜奶油	340克
鲜奶	340毫升
蛋黄	45克
鸡蛋	225克
香草荚	1/2条
糖粉	适量
糖渍黑醋栗	适量

做法

1. 鲜奶油加入细砂糖、香草荚，以小火煮到温度超过60℃，加入过筛的可可粉拌匀。
2. 鲜奶加入蛋黄、鸡蛋拌匀后，加入做法1中材料拌匀后过筛，再倒入布丁杯中。
3. 在烤盘中注入温水，将布丁杯放入烤盘中隔水烘焙，以上下火150℃烘焙35~40分钟，烤至布丁表面凝固。
4. 待布丁冷却后，将布丁放入冰箱冷藏约4个小时，取出后在布丁上放入巧克力屑、糖粉及糖渍黑醋栗做装饰即可。

法式覆盆子烤布丁

材料

冷冻覆盆子	50克
细砂糖	135克
鲜奶油	340克
鲜奶	340毫升
蛋黄	45克
鸡蛋	225克
香草荚	1/2条

做法

① 鲜奶油加细砂糖、香草荚，以小火煮至糖融化。

② 鲜奶加入蛋黄、鸡蛋拌匀后，加入做法1材料中拌匀，过筛后倒入已放好冷冻覆盆子的模型中。

③ 在烤盘中注入温水，将布丁杯放入烤盘中隔水烘焙，以上下火150℃烘焙35~40分钟。

④ 待布丁冷却后，将布丁放入冰箱冷藏约4个小时，取出后在布丁上撒一层薄薄的细砂糖（材料外），以喷火枪烧烤细砂糖至呈现金黄色，待其冷却后加入薄荷叶（材料外）装饰即可。

约克夏布丁

材料

材料

A

鸡蛋	1颗
低筋面粉	60克
鲜奶	80毫升
水	65毫升

B

| 珍珠糖 | 30克 |

做法

1. 所有材料A混合均匀后，加入珍珠糖，形成面糊，静置半小时备用。

2. 将面糊倒入抹了油的烤模中，放入已预热的烤箱中，以上下火230℃烤约20分钟，再转190℃烤15~20分钟。

3. 取出脱模，待冷却后搭配各式水果或冰淇淋一起食用即可。

黑樱桃布丁派

🍰 材料

A

黄油	150克
低筋面粉	250克
糖粉	60克
盐	1克
鸡蛋	1颗
杏仁粉	70克

B

黑樱桃罐头	1瓶
细砂糖	70克
杏仁粉	10克
鲜奶	114毫升
朗姆酒	14克
鸡蛋	4个
鲜奶油	128克
香草精	2.5克
杏桃果胶	适量

✂ 做法

1. 将材料A中的黄油、盐、糖粉混合拌匀，再加入鸡蛋拌匀。

2. 加入过筛的低筋面粉及杏仁粉拌匀成面团，将面团放入保鲜膜中包好，放入冰箱中冷藏30分钟。

3. 将面团平铺入盘中。

4. 将材料B中的鲜奶、细砂糖放入锅中煮到糖融化。

5. 将材料中的鲜奶油、鸡蛋、杏仁粉、朗姆酒、香草精拌匀后过筛，再倒入面皮上。

6. 将黑樱桃滤干，放入面皮上，放入已预热的烤箱中，以上火190℃下火210℃，烤30分钟。

7. 布丁放凉后，表面刷上杏桃果胶，放入冰箱冷藏4个小时即可。

蛋糕布丁

材料

A

细砂糖	50克
水	215毫升

B

细砂糖	25克
果冻粉	8克

C

鲜奶	350毫升
细砂糖	90克
香草荚	1/2条
鸡蛋	5颗

D

鲜奶	40毫升
黄油	45克
低筋面粉	45克
蛋黄	4颗
蛋清	4颗
塔塔粉	1克
朗姆酒	5克
细砂糖	适量

做法

1. 材料B混合拌匀备用。

2. 材料A的细砂糖加15毫升水放入锅中，以小火加热让细细砂糖融化，直到糖水呈现琥珀色后熄火。

3. 续加入200毫升的水，再加入做法1的材料，搅拌到糖融化，倒入容器中冷却备用。

4. 材料C中的鲜奶、细砂糖及香草荚放入锅中，以小火煮到糖融化。

5. 将材料C的鸡蛋打散后倒入做法4中材料拌匀，过筛之后倒入做法3中已经凝固的焦糖果冻上。

6. 材料D的鲜奶、黄油放入锅中以小火煮到黄油融化，加入过筛的低筋面粉拌匀，再加入蛋黄拌匀。

7. 材料D的蛋清加入塔塔粉及细砂糖打至湿性发泡，与做法6材料混合拌匀，倒入做法5的鸡蛋布丁液上。

8. 布丁放入已预热的烤箱中，以上下火200℃烤10分钟，再转170℃烤30分钟，食用前挤上奶油（材料外），用草莓（材料外）装饰即可。

香草鲜奶布丁

材料

A
蛋黄	5颗
细砂糖	75克

B
全脂鲜奶	165毫升

C
动物性鲜奶油	330克

D
香草荚段	适量
安格拉斯酱	适量

做法

1. 所有材料A拌匀备用。

2. 材料B以中小火煮至滚沸后熄火，冲入拌匀的蛋黄，搅拌均匀，再加入材料C拌匀，以细筛网过滤出鲜奶布丁液，倒入布丁模型中，以瓦斯喷枪快速烤除表面气泡（也可用小汤匙将气泡戳破）。

3. 烤箱预热，取深烤盘倒入适量的水，放入完成的布丁模型，以上火170℃下火160℃蒸烤约30分钟，至鲜奶布丁熟透取出冷却，放入冰箱冷藏。

4. 食用前淋上适量安格拉斯酱，再摆上香草荚段装饰即可。

烹饪小秘方

安格拉斯酱

材料：
A.全脂鲜奶250毫升、动物性鲜奶油250克，B.蛋黄4颗、细砂糖100克，C.香草荚1/4条

做法：
1. 将所有材料B拌匀，打发至呈乳白色备用。
2. 将香草荚剖开，刮出香草籽，和香草条外皮与所有材料A一起混合，以中小火煮至滚沸后熄火，冲入打发好的材料B中拌匀，再次煮至温度约85℃、酱汁呈浓稠状即可。

大理石奶酪布丁

材料

奶酪	250克
细砂糖	75克
玉米粉	10克
鸡蛋	65克
动物性鲜奶油	175克
巧克力酱	适量

做法

① 将奶酪从冰箱取出，放在室温软化备用。

② 将细砂糖与玉米粉先拌匀，再加入软化的奶酪拌匀。

③ 鸡蛋分次加入拌匀，最后加入动物性鲜奶油搅拌均匀。

④ 布丁液倒入烤模中，表面再利用巧克力酱做装饰，即可放入烤箱，以上火160℃下火180℃烤约12分钟即可。

咖啡布丁

🍱 材料

A
鸡蛋　　　　　2颗
细砂糖　　　　75克

B
全脂鲜奶　　　200毫升

C
速溶咖啡粉　　35克
动物性鲜奶油　150克
咖啡酒　　　　少许

D
核桃仁　　　　适量
糖粉　　　　　少许

✂ 做法

1 所有材料A拌匀备用。

2 材料B以中小火煮至滚沸后熄火，冲入鸡蛋液搅拌均匀，再加入所有材料C拌匀，以细筛网过滤出咖啡布丁液，倒入布丁模型中，以瓦斯喷枪快速烤除表面气泡（也可用小汤匙将气泡戳破）。

3 烤箱预热，取深烤盘倒入适量的水，放入完成的布丁模型，以上下火150℃蒸烤约30分钟至咖啡布丁熟透，取出冷却后放入冰箱冷藏，食用前摆上核桃仁，撒上少许糖粉装饰即可。

卡布奇诺布丁

材料

意式浓缩咖啡	200毫升
鸡蛋	3颗
细砂糖	60克
鲜奶	200毫升
植物性鲜奶油	适量
肉桂粉	适量

做法

① 意式浓缩咖啡可自行冲泡或买现成的。

② 将鸡蛋打散，加入细砂糖与鲜奶用小火加热，煮至细砂糖完全融化，过筛两次，再加入意式浓缩咖啡拌匀。

③ 将布丁液倒入模型中，烤盘加水隔水蒸烤，入烤箱以上火0℃下火170℃烤约60分钟即可。

④ 食用时，若在布丁表面挤上少许鲜奶油与肉桂粉，那就更地道了。

伯爵茶布丁

材料

伯爵茶粉	10克
牛奶（A）	250毫升
鸡蛋	100克
牛奶（B）	100毫升
细砂糖	50克
白兰地	10毫升
植物性鲜奶油	适量
柚子酱	适量

做法

1. 牛奶（A）加热后，放入伯爵茶粉闷5分钟后，过筛备用。
2. 将鸡蛋打散拌匀备用。
3. 牛奶（B）和细砂糖加热至完全融化后，冲入鸡蛋液混合拌匀，再加入做法1中的材料和白兰地混合拌匀，过筛后静置约30分钟。
4. 续倒入耐烤模型中，放入烤箱内，以上下火150℃隔水加热方式蒸烤35～40分钟。
5. 冷却后食用前可挤上植物性鲜奶油及柚子酱，以薄荷叶（材料外）装饰即可。

蜂蜜炖奶布丁

📋 材料

蜂蜜	10克
全脂鲜奶	450毫升
细砂糖	45克
蛋清	135克

✂️ 做法

1. 全脂鲜奶和细砂糖以中小火煮至细砂糖融化后熄火，加入蛋清搅拌均匀，再加入蜂蜜搅拌均匀，以细筛网过滤出布丁液，倒入烤模中，以瓦斯喷枪快速烤除表面气泡（也可用小汤匙将气泡戳破）。

2. 烤箱预热，取深烤盘倒入适量的水，放入完成的烤模，以上下火160℃蒸烤约30分钟至蜂蜜炖奶布丁熟透，取出冷却后放入冰箱冷藏即可。

备注：因为玻璃的耐热度不一，使用玻璃烤模前要确认该玻璃容器是否耐烘烤！

豆浆南瓜布丁

🍲 材料

原味豆浆	218毫升
南瓜泥	82克
鸡蛋	2颗
蛋黄	1颗
细砂糖	70克
盐	1克
可可粉	少许

> **烹饪小秘方**
>
> 南瓜泥若想要口感更有层次，可以在其中添加少量姜泥或肉桂粉增添风味。

🍳 做法

① 原味豆浆倒入锅中小火煮滚，熄火续加入细砂糖和盐同方向拌至完全融化。

② 鸡蛋、蛋黄稍微打散，加入尚有余温的豆浆中同方向搅拌至均匀，过筛2次备用。

③ 南瓜泥分次加入过筛后的豆浆鸡蛋液中同方向搅拌均匀，小火加温至50~60℃，熄火静置30分钟备用。

④ 将布丁液倒入布丁杯中至约8分满，间隔放入烤盘中，并在烤盘中倒入水至约1厘米高，移入预热好的烤箱以上下火150℃烘烤约30分钟，取出降温后加盖移入冰箱冷藏。

⑤ 另取适量南瓜泥，以挤花袋装饰在布丁上，并撒上少许可可粉即可。

土豆火烤布丁

材料

土豆	1个
鸡蛋	100克
蛋黄	20克
动物性鲜奶油	200克
牛奶	100毫升
细砂糖	5克
盐	7克
土豆泥	50克
意式综合香料	2克

做法

1. 土豆洗净切片后，放入滚水中煮软，在煮软前先取出适量的土豆片，铺放在容器中备用。
2. 将鸡蛋和蛋黄先打散拌匀备用。
3. 动物性鲜奶油、牛奶、细砂糖和盐加热煮至完全融化，加入土豆泥拌匀后，冲入打散的蛋液混合拌匀，过筛后静置约30分钟。
4. 将布丁液倒入铺放土豆片的容器中，撒上意式综合香料后，放入烤箱内，以上下火150℃隔水加热方式蒸烤35~40分钟。
5. 取出蒸烤好的布丁后，可用适量的土豆泥（材料外）在上面挤花装饰，再用喷枪烤出少许焦黑的色泽即可。

南瓜布丁

材料

A
南瓜　　　　　　220克
动物性鲜奶油　　170克

B
鸡蛋　　　　　　2颗
红糖　　　　　　80克

C
全脂鲜奶　　　　170毫升

做法

1. 南瓜洗净，去皮切丁放入蒸笼中蒸熟，过筛成南瓜泥，加入动物性鲜奶油拌匀，备用。

2. 材料B拌匀备用；材料C以中小火煮至滚沸，冲入料B拌匀，再加入拌了动物性鲜奶油的南瓜泥搅拌均匀，以细筛网过筛出南瓜布丁液，倒入布丁模型中，以瓦斯喷枪快速烤除表面气泡（亦可以小汤匙将气泡戳破）。

3. 烤箱预热，取深烤盘倒入适量的水，放入完成的布丁模型，以上火160℃下火160℃蒸烤约30分钟至南瓜布丁熟透，取出冷却后放入冰箱冷藏即可。

番薯布丁

材料

A

番薯	220克
动物性鲜奶油	150克

B

鸡蛋	2颗
红糖	80克

C

全脂鲜奶	70毫升

D

薄荷叶	少许

做法

1. 番薯洗净，去皮切丁留少许装饰用，其余放入蒸笼中蒸熟，过筛成番薯泥，加入动物性鲜奶油拌匀，备用。

2. 鸡蛋和红糖拌匀备用；全脂鲜奶以中小火煮至滚沸，加入红糖鸡蛋拌匀，再加入煮熟的番薯泥搅拌均匀，以细筛网过筛出番薯布丁液，倒入布丁模中，以瓦斯喷枪快速烤除表面气泡（亦可以小汤匙将气泡戳破）。

3. 烤箱预热，取深烤盘倒入适量的水，放入完成的布丁模型，以上下火160℃蒸烤约30分钟至番薯布丁熟透，取出冷却后放入冰箱冷藏，食用前摆上生番薯丁和薄荷叶装饰即可。

菠萝布丁

材料

材料

A
蛋黄	4颗
牛奶	100毫升
香草精	少许

B
动物性鲜奶油	375克
细砂糖	75克

C
烤菠萝片	适量

做法

1. 材料A拌匀，备用。
2. 材料B拌匀煮至融化后，再加入备好的材料A中，即为布丁液。
3. 将布丁液过滤后，分装至杯内（约装8分满），再加入1片烤菠萝片，放入已预热的烤箱中，采隔水烘烤方式，以上下火160℃，烤约30分钟。
4. 烤至布丁表面凝固后即可取出，移入冰箱中冷藏至冰凉，食用前再放上1片烤菠萝片即可。

烹饪小秘方

烤菠萝片

材料：

细砂糖125克、水220毫升、菠萝片约6片（150克）

做法：

1 细砂糖加水煮至焦糖状，为焦糖浆。

2 将菠萝片裹上焦糖浆后，铺在烤盘上，放入已预热的烤箱中，以上下火180℃，烤约15分钟。

3 取出菠萝片后再次裹上焦糖浆，再次放入烤箱中，以上下火180℃，烤约15分钟，取出冷却、静置约8小时待入味即可。

水蜜桃布丁

🍮 材料

A

鸡蛋	3颗
蛋黄	4颗

B

全脂鲜奶	225毫升
细砂糖	60克

C

动物性鲜奶油	225克
水蜜桃汁	70毫升
橙酒	少许

D

罐装水蜜桃片	适量
薄荷叶	适量

❌ 做法

1. 所有材料A拌匀备用。

2. 所有材料B以中小火煮至滚沸后熄火，冲入材料A中搅拌均匀，再加入所有材料C拌匀，以细筛网过滤出水蜜桃布丁液，倒入布丁模型中，以瓦斯喷枪快速烤除表面气泡（也可用小汤匙将气泡戳破）。

3. 烤箱预热，取深烤盘倒入适量的水，放入完成的布丁模型，以上火160℃下火150℃蒸烤约30分钟至水蜜桃布丁熟透，取出冷却后放入冰箱冷藏，食用前摆上罐装水蜜桃片，以瓦斯喷枪喷烤出焦边，再以薄荷叶装饰即可。

粉圆布丁

材料

粉圆	30克
动物性鲜奶油	300克
鸡蛋	3颗
细砂糖	60克
椰浆	100毫升

做法

1. 粉圆加水煮开后，改小火煮约15分钟，膨胀鼓起即可捞起沥干，泡冷开水备用。

2. 鸡蛋先打散，加入椰浆、动物性鲜奶油与细砂糖拌匀，用小火加热至细砂糖溶解即可熄火，随即过筛2次，然后加入粉圆拌匀备用。

3. 将粉圆布丁液倒入烤模中，烤盘加水隔水蒸烤，入烤箱以上火0℃下火170℃烤约60分钟即可。

奶酪烤布丁

🍮 材料

A
奶酪	200克
奶油	100克
全脂鲜奶	100毫升

B
鸡蛋	4颗
细砂糖	50克

✂ 做法

1. 所有材料B拌匀，打发至呈乳白色备用。
2. 所有材料A拌匀，以中小火煮至软化后熄火，冲入做法1的材料中搅拌均匀，倒入布丁模型中，以瓦斯喷枪快速烤除表面气泡（也可用小汤匙将气泡戳破）。
3. 烤箱预热，取深烤盘倒入适量的水，放入完成的布丁模型，以上火180℃下火150℃蒸烤约30分钟至奶酪布丁熟透，取出冷却后放入冰箱冷藏即可。

备注：奶酪烤布丁的口感很特别，和奶酪蛋糕非常相像！

玉米布丁

材料

A

| 动物性鲜奶油 | 250克 |
| 细砂糖 | 75克 |

B

| 全蛋 | 3颗 |
| 蛋黄 | 2颗 |

C

| 玉米粒 | 200克 |

做法

1. 所有材料B拌匀备用。

2. 所有材料A以中小火煮至细砂糖溶解后熄火，冲入拌匀的材料B中搅拌均匀，再加入材料C拌匀，倒入布丁模型中，以瓦斯喷枪快速烤除表面气泡（也可用小汤匙将气泡戳破）。

3. 烤箱预热，取深烤盘倒入适量的水，放入完成的布丁模型，以上火170℃下火160℃蒸烤约30分钟至玉米布丁熟透，取出冷却后放入冰箱冷藏即可。

热带风情炖布丁

材料

A
鸡蛋	2颗
牛奶	200毫升
椰奶	100毫升
细砂糖	30克

B
什锦水果	适量

C
果糖	适量

做法

① 材料A混合拌匀，过滤备用。

② 材料B的什锦水果皆切丁。

③ 取蒸碗，于蒸碗中注入混合过滤的材料A。

④ 将蒸碗移入冒着蒸气的蒸笼，盖上锅盖，待再次冒出蒸气后将锅盖挪出缝隙，以中大火蒸10～15分钟至凝固，再熄火取出蒸碗。

⑤ 以水果丁装饰蒸好的布丁，并淋入果糖即可。

蒸豆浆布丁

🍲 材料

A

原味豆浆	300毫升
绵白糖	50克
蜂蜜	1大匙
蛋清	2颗
盐	少许

B

红糖	30克
水	100毫升
姜汁	1大匙

✂ 做法

1. 将所有材料B放入锅中，以小火慢慢煮至浓稠状，即为红糖糖浆备用。
2. 蛋清打散加入绵白糖、蜂蜜、盐，拌打均匀备用。
3. 于打好的蛋清混合液中加入原味豆浆拌匀，用滤网过筛后倒入容器中，盖上保鲜膜。
4. 蒸锅加入水煮沸后，放入做法3中备好的豆浆，盖上锅盖以中火蒸约20分钟。
5. 取出蒸好的炖豆浆，撕去保鲜膜，淋上适量的红糖糖浆即可。

豆奶玉米布丁

材料

甜豆浆	300毫升
玉米酱	100克
鸡蛋	2颗
蛋黄	2颗
细砂糖	50克

做法

1. 将蛋黄和鸡蛋打散备用。

2. 甜豆浆加热至40℃，再加入鸡蛋液和细砂糖，用打蛋器同方向搅拌均匀，随即过筛2次，再加入玉米酱搅拌均匀。

3. 将布丁液倒入杯中，盖上一层保鲜膜，放入电饭锅中蒸12分钟即可。

4. 点缀少许薯片（材料外）其上即可。

面包布丁

📖 材料

鸡蛋	150克
动物性鲜奶油	190克
牛奶	190毫升
细砂糖	50克
土司	4片
葡萄干	适量
蔓越莓干	适量
樱桃	适量
糖粉	适量

✂ 做法

1. 将鸡蛋打散搅匀备用。
2. 将动物性鲜奶油、牛奶和细砂糖煮至完全融化后，冲入鸡蛋液混合拌匀，过筛后静置约 30分钟。
3. 将土司切成小块状，铺在容器底部，再倒入布丁液，放入葡萄干、蔓越莓干和樱桃，撒上少许细砂糖（材料外），放入烤箱内，以上下火150℃的隔水加热方式蒸烤25~35分钟。
4. 取出蒸烤好的面包布丁，再撒上糖粉装饰即可。

> **烹饪小秘方**
> 面包布丁建议趁热吃，如果吃冷的面包布丁，蒸烤的时间就不能太久，浅烤盘烤20~25分钟，如果容器较深，蒸烤35~45分钟，否则布丁会变得太紧实，口感不佳。

香草荚豆浆布丁

材料

A

香草荚	1/2支
无糖豆浆	303毫升
鸡蛋	133克
细砂糖	83克
盐	1克

B

细砂糖	100克
麦芽糖	25克
水	31毫升

做法

1. 将所有材料B放入锅中，以大火搅拌煮至滚开，改小火拌煮至呈琥珀色且浓稠感，熄火即为焦糖，趁热取适量加入所有布丁杯中备用。

2. 香草荚以刀划开，刮出里面的香草籽备用。

3. 无糖豆浆倒入锅中，放入香草棒及香草籽拌匀，小火煮出香草香味，熄火续加入细砂糖和盐续拌至完全融化。

4. 鸡蛋稍微打散，加入尚有余温的做法3材料同方向搅拌至均匀，过筛2次后以纸巾吸除泡沫，静置30分钟备用。

5. 将布丁液倒入盛有焦糖的布丁杯中至约8分满，间隔放入烤盘中，并在烤盘中倒入水至约1厘米高，移入预热好的烤箱，以上下火150℃烘烤约35分钟，取出降温后加盖移入冰箱冷藏即可。

豆浆烤布丁

材料

原味豆浆	327毫升
豆腐	67克
香草荚	1/2支
细砂糖	38克
鸡蛋	2颗
蛋黄	1颗
盐	适量

做法

1. 香草荚以刀划开，刮出里面的香草籽，备用。

2. 原味豆浆倒入锅中，放入香草棒及香草籽拌匀，小火煮出香草香味，熄火加入豆腐以打蛋器同方向搅打至无颗粒，续加入细砂糖和盐续拌至完全融化。

3. 鸡蛋加蛋黄稍微打散，加入尚有余温的做法2材料同方向搅拌至均匀，过筛2次后静置30分钟备用。

4. 将布蕾液倒入布蕾杯中至约8分满，间隔放入烤盘中，并在烤盘中倒入水至约1厘米高，移入预热好的烤箱，以上下火150℃烘烤约25分钟，取出降温后加盖移入冰箱冷藏。

5. 将适量材料外的细砂糖均匀撒在每一个布蕾表面，以喷枪将细砂糖烧融成焦糖色即可。

133

燕麦牛奶布丁

材料

燕麦片	60克
鲜奶	500毫升
鸡蛋	4颗
细砂糖	100克
葡萄干	适量

做法

① 先取1/2的鲜奶煮沸，冲入燕麦片中拌匀备用。

② 将剩余的1/2鲜奶加热至40℃时，再加入鸡蛋和细砂糖，用打蛋器同方向搅拌均匀，随即过筛2次，再加入泡好的燕麦片搅拌均匀。

③ 将布丁液倒入杯中，盖上一层保鲜膜，放入电饭锅中蒸12分钟。

④ 取出后放上葡萄干即可。

水果布丁

材料

什锦水果	适量
玉米粉	20克
蛋黄	3颗
细砂糖	30克
牛奶	300毫升
柠檬汁	2大匙

做法

1 什锦水果切成适当块状备用。

2 取一盆，放入蛋黄搅拌均匀后加入细砂糖拌匀，再加入过筛后的玉米粉拌匀，接着加入牛奶拌匀。

3 以隔水加热方式将做法2的材料搅拌至凝稠状，加入柠檬汁拌匀，再拌入部分水果块，装入杯中后于表面摆上适量水果块、薄荷叶（装饰外）装饰即可。

姜汁布丁

材料

A
全脂鲜奶	375毫升
细砂糖	100克

B
蛋黄	4颗
鸡蛋	3颗

C
动物性鲜奶油	375克
姜汁	60毫升

做法

① 所有材料B拌匀备用。

② 所有材料A以中小火煮至细砂糖融化后熄火，冲入混匀的材料B搅拌均匀，再加入所有材料C拌匀，以细筛网过滤出姜汁布丁液，倒入布丁模型中，以瓦斯喷枪快速烤除表面气泡（也可用小汤匙将气泡戳破）。

③ 烤箱预热，取深烤盘倒入适量的水，放入完成的布丁模型，以上火170℃下火160℃蒸烤约30分钟至姜汁布丁熟透，取出冷却后放入冰箱冷藏，食用前放入薄荷叶（材料外）装饰即可。

烹饪小秘方

姜汁可以用姜茶包泡出取用，或者以生姜磨泥取汁液使用，味道会更浓郁。

PART 7

冰凉凝结布丁

没有华丽的装饰，没有多余的素材，简简单单的鸡蛋和牛奶，就能让你体会到布丁在舌尖弹跳的韵律，不需烤箱或蒸笼，只要放入冰箱即可完成，简单的做法，美好的感觉。

鸡蛋牛奶布丁

材料

果冻粉	35克
细砂糖	53克
奶粉	53克
牛奶香精粉	26克
水	614毫升
动物性鲜奶油	178克
冷开水	86毫升
蛋黄	55克
焦糖液	适量

（做法参考P150）

做法

1. 将焦糖液煮至琥珀色后，趁热装入模型容器中。
2. 把果冻粉和细砂糖放入钢盆中拌匀。
3. 将奶粉、牛奶香精粉和水拌匀，再加入动物性鲜奶油、冷开水加入焦糖液，并以同方向搅拌方式拌匀。
4. 开小火将做法3中的材料以同方向搅拌方式煮至约90℃后熄火，直到看不见颗粒为止。
5. 续加入蛋黄。
6. 以同方向的搅拌方式继续快速搅拌均匀，再过筛捞除泡泡后，装入盛有焦糖液的模型容器中，待凉后放入冰箱中冷藏即可。

烹饪小秘方

怎么判别焦糖液是否煮制完成了呢？

将焦糖液滴落水杯中，会成水滴状，并且摸起来软软的，代表焦糖液制作成功了。	将焦糖液滴落水杯中，呈现凝结块状，代表焦糖液煮过头，也无法使用。	将焦糖液滴落水杯中，若呈现水水的状态，代表焦糖液尚未变成浓稠状还无法使用。

 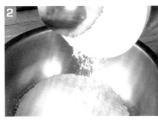 

覆盆子布丁

🍴 材料

A

水	300毫升
细砂糖	50克

B

覆盆子果泥	330克

C

明胶片	15克

D

奶水	15克
动物性鲜奶油	25克

E

覆盆子果泥	少许
开心果碎	少许

✂ 做法

1. 明胶片泡入冰块水中软化，捞出挤干水分备用。

2. 所有材料A以中小火煮至细砂糖融化后熄火，加入明胶片搅拌至明胶片完全融化，倒入覆盆子果泥拌匀。

3. 于锅中加入所有材料D拌匀，以细筛网过滤出覆盆子布丁液，倒入布丁模型中，以瓦斯喷枪快速烤除表面气泡（也可用小汤匙将气泡戳破）。

4. 将完成的布丁模型移入冰箱冷藏至覆盆子布丁液凝固，食用前以少许覆盆子果泥和开心果碎装饰即可。

西谷米草莓布丁

🍳材料

煮熟西谷米	适量
草莓果泥	150克
明胶片	2.5片
蛋黄	1颗
鲜奶	80毫升
细砂糖	35克
动物性鲜奶油	50克
朗姆酒	10克
打发鲜奶油	适量

✂做法

1. 将明胶片泡冰水至软化备用。

2. 将蛋黄、鲜奶、细砂糖放入锅中混合，以小火煮到浓稠状后熄火，再将明胶片拧干放入锅中拌匀至融化。

3. 再加入草莓果泥、动物性鲜奶油、朗姆酒拌匀，倒入容器中至8分满，放入冰箱冷藏约4个小时。

4. 将冰到凝固的草莓布丁上面放上煮熟西谷米及打发的鲜奶油，再以草莓块（材料外）和糖粉（材料外）装饰即可。

蓝莓奶酪布丁

🍱 材料

蓝莓果酱	适量
奶油奶酪	50克
明胶片	2片
蓝莓果粒	100克
蛋黄	1颗
鲜奶	200毫升
细砂糖	35克
动物性鲜奶油	50克
朗姆酒	10克

🔪 做法

1. 将明胶片泡冰水至软化备用。
2. 将蛋黄、鲜奶、细砂糖放入锅中混合，以小火煮到浓稠状，再将明胶片拧干放入锅中拌匀至融化。
3. 再加入动物性鲜奶油、奶油奶酪、朗姆酒、蓝莓果粒拌匀后，倒入容器之中，放入冰箱冷藏约4个小时。
4. 将冰到凝固的蓝莓奶酪布丁上面盛入蓝莓果酱。
5. 挤入奶油、草莓酱，撒上糖粉（均材料外）即可。

菠萝椰奶布丁

🍽 材料

菠萝果泥	100克
椰奶	100毫升
蛋黄	1颗
明胶片	2.5片
鲜奶	80毫升
细砂糖	35克
朗姆酒	10克
烤香椰子粉	适量
菠萝丁	适量
糖渍黑醋栗	适量

✂ 做法

① 将明胶片泡冰水至软化备用。

② 蛋黄、鲜奶、细砂糖放入锅中混合，以小火煮到浓稠状，再将明胶片拧干放入锅中拌匀至融化。

③ 加入菠萝果泥、椰奶、朗姆酒拌匀，倒入容器中，放入冰箱冷藏约4个小时。

④ 将冰到凝固的菠萝椰奶布丁上面撒上烤香椰子粉、菠萝丁及糖渍黑醋栗即可。

双色冰淇淋布丁

🍰 材料

牛奶	240毫升
明胶片	2片
蛋黄	30克
细砂糖	50克
动物性鲜奶油	240克
可可粉	20克

✂ 做法

① 将明胶片泡冰水至软化备用。

② 取一半牛奶煮到微沸后熄火，加入过筛可可粉拌匀，再将1片泡软的明胶片拧干放入锅中拌匀至融化。

③ 另一半牛奶煮到微沸后熄火，再将1片泡软的明胶片拧干放入锅中拌匀至融化。

④ 蛋黄加入细砂糖搅拌均匀，再于做法2、3材料之中，各加入一半的蛋黄液及鲜奶油拌匀。

⑤ 倒入容器中放入冰箱冷藏至凝固，以汤匙挖出两种布丁放入杯中，再以鲜奶油、水果、坚果、糖粉、薄荷叶(均材料外)装饰即可。

双色火龙果布丁

材料

红色火龙果肉	200克
白色火龙果肉	100克
明胶片	2.5片
蛋黄	1颗
鲜奶	80毫升
细砂糖	35克
动物性鲜奶油	50克
朗姆酒	10克

做法

1. 将明胶片泡冰水至软化；红色火龙果肉取150克打成果泥；白色火龙果肉打成果泥；剩余的红色火龙果肉切丁，备用。

2. 蛋黄、鲜奶、细砂糖放入锅中混合，以小火煮到浓稠状，再将1片泡软的明胶片拧干放入锅中拌匀至融化。

3. 加入红色的火龙果果泥、动物性鲜奶油、朗姆酒拌匀，倒入容器之中至7分满，放入冰箱放冷藏约4个小时。

4. 将冰到凝固的火龙果布丁上，放上红火龙果丁，再倒入白色的火龙果泥即可。

桂花黑糖布丁

🍱 材料

桂花黑糖蜜	适量
明胶片	2片
红糖	25克
鲜奶	150克
蛋黄	1颗
动物性鲜奶油	100克

✂ 做法

1. 将明胶片泡冰水至软化备用。
2. 蛋黄、鲜奶、红糖放入锅中以小火煮到浓稠状，再将明胶片拧干放入锅中拌匀至融化。
3. 加入动物性鲜奶油拌匀，过滤后倒入容器之中，放入冰箱冷藏约4个小时。
4. 待布丁凝固后，再倒入桂花红糖蜜即可。

咖啡布丁

材料

咖啡粉	10克
细砂糖	61克
果冻粉	16克
温水	304毫升
蛋黄	40克
动物性鲜奶油	202克
卡鲁哇酒	16毫升

做法

1. 取少量的温水和咖啡粉一起拌匀备用。

2. 将细砂糖、果冻粉和温水放入锅内一起煮滚后，加入咖啡溶液拌匀后熄火。

3. 续加入过筛后的蛋黄一起快速拌匀，再加入动物性鲜奶油拌匀。

4. 继续加入卡鲁哇酒拌匀后，再倒入模型中等待变凉，放入冰箱冷藏，食用前放入动物性鲜奶油（材料外）和撒上咖啡粉（材料外）装饰即可。

吉士布丁

📋 材料

吉士粉	10克
细砂糖（A）	50克
牛奶	600克
果冻粉	10克
细砂糖（B）	40克
蛋黄	100克
黑焦糖	适量

❄ 做法

1. 细砂糖B、蛋黄和吉士粉混合拌匀备用。

2. 细砂糖A、牛奶和果冻粉先拌匀加热煮滚后，冲入做法1的材料拌匀，过筛后倒入容器中，再将粗泡沫用纸巾擦拭。

3. 隔着滤网将做法2的材料过筛装入已盛装有黑焦糖的模型杯中，放入冰箱中冷藏约1个小时即可。

> **烹饪小秘方**
>
> 将吉士布丁倒扣于盘中时，黑焦糖和布丁容易分离，是正常的现象，因果冻粉会出水。所以要在黑焦糖尚未完全变硬凝结时，就加入吉士布丁液，这样比较不容易分离。

 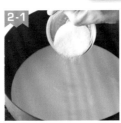  

红糖布丁

材料
红糖   100克
水   200毫升
牛奶   200毫升
果冻粉 7克

做法

1. 红糖放入锅中加热至香味逸出且融化后，再加入水拌匀备用。
2. 牛奶和果冻粉混合拌匀加热煮滚后，加入做法1的材料混合煮滚，将粗泡沫用纸巾擦拭后，先过筛再倒入模型中，放入冰箱冷藏约2个小时即可。

焦糖香蕉牛奶布丁

🍱材料

焦糖酱	100克
牛奶	300毫升
香蕉	1根
果冻粉	5克
细砂糖	30克

✂️做法

❶ 香蕉去皮切丁，先泡点柠檬水（材料外）后，即可放入模型容器中备用。

❷ 果冻粉和细砂糖先混合拌匀备用。

❸ 牛奶和焦糖酱加热煮滚后，慢慢加入做法2的材料煮滚，将粗泡沫用纸巾擦拭，待降温后即可倒入模型中，放入冰箱冷藏约2个小时即可。

备注：可以将香蕉切片后，撒上细砂糖以喷火枪烤过后装饰布丁。

烹饪小秘方

焦糖酱

材料：

动物性鲜奶油150克，细砂糖100克，水20毫升

做法：

1. 将动物性鲜奶油煮滚备用。

2. 细砂糖和水煮至呈琥珀色，约160℃后，慢慢加入煮好的鲜奶油拌匀即可。

英格兰咖啡布丁

🗂 材料

牛奶	400毫升
细砂糖	60克
蛋黄	200克
香草籽酱	5克
咖啡酱	20克
明胶片	4片
威士忌	45毫升
奶油	30克

🍴 做法

1. 明胶片泡入冰水中软化，捞出挤干水分备用。

2. 细砂糖和蛋黄先混合拌匀备用。

3. 牛奶加热煮沸后，冲入蛋黄、细砂糖混合液，再次加热至83℃时，加入明胶片拌匀至完全融化后，加入香草籽酱、咖啡酱、威士忌和奶油混合拌匀，过筛后倒入模型中，放入冰箱冷藏3~4个小时，食用前以薄荷叶（材料外）装饰即可。

烹饪小秘方

如果家中没有咖啡酱，也可以用意式浓缩咖啡汁来代替使用。英式咖啡的传统口味，就是要有浓郁的酒香气味，所以材料中会加入适量的酒作搭配。

草莓布丁

材料

A
水　　　　　　　300毫升
细砂糖　　　　　50克

B
草莓果泥　　　　330克

C
明胶片　　　　　15克

D
牛奶　　　　　　15毫升
动物性鲜奶油　　25克

E
草莓　　　　　　少许
核桃仁　　　　　少许

做法

1. 明胶片泡入冰块水中软化，捞出挤干水分备用。

2. 所有材料A以中小火煮至细砂糖融化后熄火，加入泡好的明胶片搅拌至明胶片完全融化，再倒入草莓果泥拌匀备用。

3. 续加入所有材料D拌匀，以细筛网过滤出草莓布丁液，倒入布丁模型中，以瓦斯喷枪快速烤除表面气泡（也可用小汤匙将气泡戳破）。

4. 将完成的布丁模型移入冰箱冷藏至草莓布丁液凝固，食用前以草莓和核桃仁装饰即可。

百香果布丁

🥣 材料

A
水	300毫升
细砂糖	50克

B
百香果果泥	330克
百香果	1个

C
明胶片	15克

D
牛奶	15毫升
动物性鲜奶油	25克

E
百香果果肉块	少许

✂️ 做法

1. 明胶片泡入冰块水中软化，捞出挤干水分；百香果取果肉，备用。

2. 所有材料A以中小火煮至细砂糖融化后熄火，加入泡软的明胶片搅拌至明胶片完全融化，再倒入所有材料B拌匀。

3. 于锅中加入所有材料D和百香果果肉拌匀，倒入布丁模型中，以瓦斯喷枪快速烤除表面气泡（也可用小汤匙将气泡戳破）。

4. 将完成的布丁模型移入冰箱冷藏至百香果布丁液凝固，食用前以百香果果肉块装饰即可。

菠萝胡萝卜布丁

✂️ 做法

① 明胶片泡入饮用的冰水中至软化,捞出挤干水分备用。

② 水、细砂糖、菠萝、煮熟的胡萝卜和蜂蜜,放入果汁机中打成汁,过筛后加热煮滚,再加入泡软的明胶片拌至完全融化,待温度降至13～15℃,再加入牛奶和动物性鲜奶油混合拌匀,即可倒入模型中,放入冰箱中冷藏2～3个小时。

③ 取出后再放上猕猴桃丁、红火龙果丁即可。

柳橙酸奶布丁

材料

A
柳橙汁　　　　　200毫升

B
明胶片　　　　　8克

C
原味无糖酸奶　　140克
细砂糖　　　　　60克
动物性鲜奶油　　400克

D
橙酒　　　　　　少许

做法

❶ 明胶片泡入冰块水中软化，捞出挤干水分备用。

❷ 取材料C的动物性鲜奶油打发至呈乳白色，加入原味无糖酸奶拌匀备用。

❸ 柳橙汁以中小火煮至约70℃后熄火，加入泡软的明胶片搅拌至明胶片完全融化，冲入奶油、酸奶混合液中拌匀，再加入橙酒、细砂糖拌匀，以细筛网过滤出柳橙酸奶布丁液，倒入布丁模型中，以瓦斯喷枪快速烤除表面气泡（也可用小汤匙将气泡戳破）。

❹ 将完成的布丁模型移入冰箱冷藏至柳橙酸奶布丁液凝固即可。

港式芒果布丁

材料

材料	
芒果(中型)	1个
芒果果泥	125克
明胶片	2.5片
细砂糖	30克
牛奶	100毫升
蛋黄	3颗
动物性鲜奶油	125克

做法

① 将明胶片泡入冰水中至软化；芒果切丁，备用。

② 将蛋黄、牛奶、细砂糖放入锅中混合，以小火煮至浓稠状后熄火，再将泡软的明胶片拧干放入锅中拌匀至融化。

③ 加入芒果果泥、动物性鲜奶油拌匀，隔冰水放置一会儿，让布丁液变得浓稠。

④ 再加入一半的芒果丁，填入模型中，放入冰箱冷藏约4个小时。

⑤ 脱模之后，在布丁四周摆上剩下的芒果丁，挤上动物性鲜奶油（材料外），以薄荷叶（材料外）装饰即可。

木瓜牛奶布丁

🍱材料

木瓜	100克
鲜奶	300毫升
明胶片	10片
蛋清	1颗
细砂糖	80克
动物性鲜奶油	100克

✂做法

① 明胶片用冰水泡软，沥干备用。

② 木瓜削皮去籽，切成小块，与鲜奶打成木瓜牛奶汁备用。

③ 将蛋清与20克细砂糖用搅拌器打至湿性发泡备用。

④ 将60克细砂糖加入木瓜牛奶汁中，用小火加热，煮至细砂糖完全融化，然后熄火加入泡软的明胶片融化。

⑤ 加入动物性鲜奶油拌匀，然后隔着冰水降温，待布丁液变成浓稠状时，再迅速将打发的蛋清加入拌匀，即可装入模型中。

⑥ 最后放入两片薄荷叶（材料外）点缀即可。

玫瑰花布丁

📖 材料

A

全脂鲜奶	200毫升
细砂糖	60克

B

明胶片	8克

C

蛋黄	4颗
动物性鲜奶油	200克

D

玫瑰花酱	75克

E

食用玫瑰瓣	少許

🍴 做法

1. 将明胶片泡入冰水至软化备用。
2. 所有材料C搅拌均匀备用。
3. 所有材料A以中小火煮至细砂糖融化后熄火，加入泡好的明胶片搅拌至明胶片完全融化，再冲入材料C拌匀，以细筛网过滤出布丁液备用。
4. 于布丁液中加入玫瑰花酱拌匀，倒入布丁模型中，以瓦斯喷枪快速烤除表面气泡（也可用小汤匙将气泡戳破）。
5. 将完成的布丁模型移入冰箱冷藏至玫瑰花香布丁液凝固，食用前以食用玫瑰花瓣装饰即可。

椰香布丁

材料

A
蛋黄   4颗
细砂糖   75克

B
椰子酱   400克

C
明胶片   15克

D
动物性鲜奶油 185克

E
椰子粉   适量
薄荷叶   少许

做法

① 明胶片泡入冰块水中软化，捞出挤干水分备用。

② 所有材料A拌匀备用。

③ 椰子酱以中小火煮至约70℃后熄火，加入泡软的明胶片搅拌至明胶片完全融化，再冲入椰子酱中拌匀，加入动物性鲜奶油拌匀，以细筛网过滤出椰香布丁液，倒入布丁模型中，以瓦斯喷枪快速烤除表面气泡（也可用小汤匙将气泡戳破）。

④ 将完成的布丁模型移入冰箱冷藏至椰香布丁液凝固。

⑤ 取适量椰子粉放入烤箱中，以上火100℃下火100℃烘烤至表面呈金黄色；取出凝固的椰香布丁，表面先撒上少许没烤过的椰子粉，再撒上烘烤过的椰子粉并摆上薄荷叶装饰即可。

米布丁

🍚 材料

米饭	141克
明胶片	21克
动物性鲜奶油	235克
鲜奶	586毫升
香草棒	1支
细砂糖	117克

✂ 做法

1. 将明胶片泡入冰开水中,动物性鲜奶油使用打蛋器搅打至6分发备用。

2. 将鲜奶、香草棒、细砂糖、米饭一起放入锅内,加热煮至80℃左右后熄火,再加入泡软的明胶片拌匀。

3. 将锅放入冰箱冷藏上,直到呈现出凝稠状后,再加入动物性鲜奶油,一起拌匀,再倒入模型中放凉后,放入冰箱冷藏即可。

4. 取出后铺上一层薯片碎(材料外)做装饰。

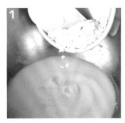